U0184577

复杂铝电解质体系研究

曹阿林　李春焕◎著

重庆大学出版社

内容提要

本书主要分析了我国不同区域复杂铝电解体系中氟化锂、氟化镁、氟化钾及氟化钙等含量的差异性,解析了复杂铝电解质体系中锂盐、钾盐的富集机制及其应对措施,研究了复杂铝电解质体系中锂盐、钾盐及电解温度对氧化铝溶解性能的影响,计算了复杂铝电解质体系下电解槽的电压、能量平衡,分析了不同铝电解系列的铝电解质体系、工艺控制参数、生产技术指标数据,由此提出了最佳氟化锂浓度条件下、低锂盐铝电解质体系及高锂盐铝电解质体系的工艺参数优化控制方案。

本书可作为冶金工程等专业的参考书,也可作为从事铝冶炼工作的工程技术人员的参考书。

图书在版编目(CIP)数据

复杂铝电解质体系研究 / 曹阿林,李春焕著. -- 重庆:重庆大学出版社,2022.2
ISBN 978-7-5689-3012-3

Ⅰ. ①复… Ⅱ. ①曹… ②李… Ⅲ. ①氧化铝电解—研究 Ⅳ. ①TF821.032.7

中国版本图书馆 CIP 数据核字(2021)第 275589 号

复杂铝电解质体系研究

FUZA LÜ DIANJIEZHI TIXI YANJIU

曹阿林 李春焕 著

策划编辑:杨粮菊

特约编辑:邓桂华

责任编辑:文 鹏　版式设计:杨粮菊
责任校对:王 倩　责任印制:张 策

*

重庆大学出版社出版发行

出版人:饶帮华

社址:重庆市沙坪坝区大学城西路21号

邮编:401331

电话:(023)88617190　88617185(中小学)

传真:(023)88617186　88617166

网址:http://www.cqup.com.cn

邮箱:fxk@cqup.com.cn(营销中心)

全国新华书店经销

重庆长虹印务有限公司印刷

*

开本:720mm×1020mm　印张:8.25　字数:156千
2022 年 2 月第 1 版　2022 年 2 月第 1 次印刷
ISBN 978-7-5689-3012-3　定价:78.00 元

前 言

铝工业主要涵盖铝土矿、氧化铝、电解铝、铝加工等生产过程,尽管只有不到170年的历史,但随着科技的进步,铝工业发生了翻天覆地的变化。而铝电解在整个铝工业链中起到承上启下的作用,冰晶石—氧化铝熔盐电解是现代铝电解工业生产原铝的唯一方法,铝电解质是铝电解反应的"血液",是炼铝的核心部分。近年来,我国铝电解企业所使用的原料氧化铝来源复杂,部分国产氧化铝杂质含量多,导致铝电解质体系复杂化,给铝电解生产工艺技术参数的控制造成了极大的困难。开展复杂铝电解质体系相关研究,分析其机制,并提出相应的解决措施,为复杂铝电解质体系的工艺控制优化提供理论支持,对铝电解槽实现高效平稳运行具有重要意义。

本书通过调研我国西南、中部、东北、西北4个典型铝电解生产区域内相关生产系列,分析了不同区域复杂铝电解体系中氟化锂、氟化镁、氟化钾及氟化钙等含量的差异性,并对典型区域内具有代表性的复杂铝电解质体系进行了差热分析、高温衍射分析,研究了其相转变温度、不同温度下的物相组成及其晶型,解析了复杂铝电解质体系中锂盐、钾盐的富集机制及其应对措施;通过理论计算出氧化铝浓度控制曲线,研究了复杂铝电解质体系中锂盐、钾盐及电解温度对氧化铝溶解性能的影响,阐明了复杂铝电解质体系中区域氧化铝浓度的时空分布规律,总结了复杂铝电解质体系下氧化铝的溶解机理;通过复杂铝电解质体系下电解槽的电压、能量平衡计算,分析了电压分布不合理、能量收支不合理的原因,总结了电热平衡的分布规律,为改善复杂铝电解质体系下电解工艺技术条件,降低槽电压、降低能耗提供依据;通过分析不同铝电解系列的铝电解质体系、工艺控制参数、生产技术指标数据,提出了在最佳氟化锂浓度条件下低锂盐铝电解质体系及高锂盐铝电解质体系的工艺参数优化控制方案。

除作者本人的相关研究成果外,本书还参考或引用了国内外众多专家、学者的相关研究成果,均在引用之处用参考文献予以明示,在此向他(她)们表示深深的谢意。作者衷心感谢在相关项目研究及本书撰写过程中,曾给予指导、帮助的姚世焕、姜跃华、骆先庆、曹斌、成庚正、杨世勇、颜非亚、赵志英、邓翔、李猛、康自华、马家玉、路辉等同仁。

感谢国家国际科技合作专项项目(2013DFB70220)、贵州省科技重大专项项目(黔科合重大专项〔2014〕6009)、广西新增硕士学位授权立项建设项目给予相关研究及本书出版的支持。

鉴于作者水平有限,书中难免存在不妥之处或出现疏漏,敬请广大读者不吝指正,以便改进。

著 者

2021 年 9 月

目 录

第 1 章
铝工业发展概况

    金属铝具有密度小、延展性高、导电性好、耐腐蚀性强、高温灭菌性等一系列优良性能,以及在地壳中储量丰富、对人体无害、对环境友好、可回收性强等特点。在强调节能环保的前提下,经济和社会的快速发展带动了对铝材料的巨大需求,推动了全球铝产业规模、产量和消费量的"爆炸性"快速增长。铝材已成为世界各国国民经济建设、战略性新型产业和国防科技工业发展不可缺少的重要基础材料,成为全球除钢铁外应用较为广泛的金属。铝材广泛应用于建筑、包装、电力、机械、运输等领域,在大型飞机、载人航天、探月工程等前沿领域中的应用不断增加,与国家的重大需求息息相关。在中国现有的 124 个产业中,有 113 个行业使用铝制品,产业关联度高达 91%,铝被誉为"万能金属"。

    铝工业从大的方面来讲,主要涵盖铝土矿、氧化铝、电解铝、铝加工等生产过程。目前,铝土矿生产主要为露天开采,氧化铝生产主要采用拜耳法,工业生产原铝的唯一方法是冰晶石—氧化铝熔盐电解法,铝加工主要为铸造、压力加工及一些特殊加工工艺。铝工业产品主要包括氧化铝、原铝及铸造铝合金、变形铝合金等。

    1854 年,在巴黎附近建成的世界上第一座铝冶炼厂开创了铝工业的先河,至今只有不到 170 年的历史。随着科技的进步,从拿破仑显示自己的高贵和尊严的铝餐具,到如今铝制手机壳、铝制家具、铝制自行车等铝产品走进了寻常百姓家,世界铝工业、中国铝工业都发生了翻天覆地的变化。

1.1 铝工业生产工艺概述

1.1.1 铝土矿采掘工艺概述

铝元素在地壳中的含量仅次于氧和硅,居第三位,是地壳中含量较丰富的金属元素。自然界中含铝矿物和岩石种类丰富,如铝土矿、页岩、明矾石、霞石正长岩、黏土、煤矸石、粉煤灰等,这些矿物及岩石都可以作为提取铝的原料。目前,唯一具有商业开采价值的原料只有铝土矿。

铝土矿通常是指以一水软铝石、一水硬铝石、三水铝石为主要矿物,以高岭土、赤铁矿、针铁矿、石英、蛋白石、金红石、锐钛矿等为次要矿物所组成的集合体。全球铝土矿矿床类型通常分为两大类:红土型和岩溶型[1]。

红土型铝土矿矿床的矿石主要是三水铝石或三水铝石及一水软铝石混合型矿石,其特点为中铝、低硅、高铁、高铝硅比,是优质的铝工业原料,易采易溶。此类型矿床储量占全球铝矿总储量的88%左右,是全球主要的铝土矿矿床,主要分布于南北纬30°之间的热带、亚热带范围,一般在大陆边缘的近海平原、中低高地、台地和岛屿附近位置可见。

岩溶型铝土矿矿床储量占全球铝矿总储量的11%左右。此类铝土矿矿床由于控矿时代和所处地域不同而呈现多样性的矿石类型,如中国岩溶铝土矿矿床以一水硬铝石型为主,矿石特征为高铝、高硅、中低铝硅比、低铁;地中海地区及加勒比海地区岩溶型铝土矿矿床则既有一水软铝石,又有三水铝石以及各种混合型矿石。全球沉积型铝土矿矿床主要分布于北纬30°~60°附近的温带地区[2]。

1859年,法国进行了世界上第一次铝土矿采掘。1900年,法国、意大利、美国等进行了小规模铝土矿采掘。中国铝土矿的采掘始于1911年。随着全球铝产量和需求的迅速增长,世界铝土矿采掘规模也迅速扩大。铝土矿采掘一般分为露天采掘和地下采掘。世界上大部分的铝土矿均采用简单、低成本的露天采掘技术,主要是因为几乎所有的红土型铝土矿和部分优质的岩溶型铝土矿埋藏浅,矿层厚,剥采比小,表层剥离厚度仅为数米。对于岩溶型铝土矿而言,部分铝土矿深入地下,表层覆盖层过厚,难以露天采掘,需采用地下采掘技术。

1.1.2　氧化铝生产工艺概述

1858 年,吕·查得里在法国萨林德厂提出苏打烧结法生产氧化铝工艺,但在烧结过程中,铝土矿中的 Al_2O_3、SiO_2 与苏打发生反应,生成不溶性铝硅酸钠,造成氧化铝和苏打大量损失。1880 年,米·尤列尔提出往苏打、铝土矿炉料中添加石灰,使得烧结过程不生成或少生成铝硅酸钠,大大减少了氧化铝和苏打的损失,发展成为今天的碱石灰烧结法。碱石灰烧结法是处理高硅铝土矿生产氧化铝的主要工业生产方法。

1887 年,奥地利工程师卡尔·约瑟夫·拜耳发明了用苛性碱溶液直接浸出铝土矿生产氧化铝的拜耳法,为氧化铝大规模生产和迅速发展开辟了道路。拜耳法在处理低硅铝土矿,特别是处理三水铝石型优质铝土矿方面,其经济效果远非其他生产方法所能比拟,逐渐形成了大规模应用至氧化铝生产。

目前,世界上 95% 以上的氧化铝都是采用拜耳法生产出来的。130 多年来,拜耳法的基本原理没有改变,但生产工艺、生产设备、控制手段等有了极大的改进,从间接性操作到连续性生产,实现了大型化、自动化、高效化,部分工艺流程实现了智能化,大大降低了能源消耗、人力成本等,提高了生产效率[3]。

拜耳法生产氧化铝的基本原理:用碱(NaOH)溶出铝土矿,使铝土矿中的氧化铝变为可溶的铝酸钠,硅、铁、钛等成为不溶的化合物(赤泥),在分离后的铝酸钠溶液中加入氢氧化铝晶种分解析出氢氧化铝,分离洗涤煅烧为氧化铝,分解母液循环使用。

拜耳法生产氧化铝基本工艺主要涵盖的工序:原矿浆制备、原矿浆预脱硅、高压溶出、溶出矿浆稀释、赤泥分离洗涤、晶种分解、氢氧化铝分离洗涤、氢氧化铝煅烧、分解母液蒸发及苏打苛化等,其基本工艺流程如图 1.1 所示。

1.1.3　电解铝生产工艺概述

原铝的制取首先采用的是化学法。1825 年,丹麦的厄尔施泰用钾汞还原无水氯化铝,首次得到铝的金属粉末;20 年后,德国的韦勒只用钾代替钾汞还原无水氯化铝也得到了铝的灰色粉末;1845 年,法国的戴维尔用钠还原 $NaAlCl_4$ 络合盐,开始小规模生产;1865 年,俄国的别克托夫提议用镁还原冰晶石来生产铝;等等。

化学法制铝尽管采用了钠、镁作为还原剂,但由于当时生产规模有限,还原剂又非常昂贵,因此生产量不大,整个化学法制铝合计 20 余吨,铝有"泥土中的银子"之称。直到 1888 年采用电解法炼铝后,铝工业生产才真正获得了新生。

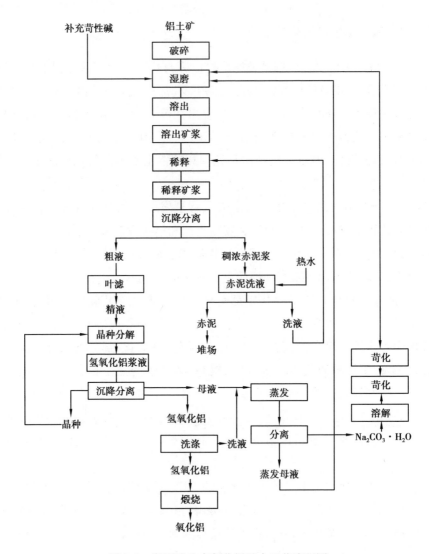

图 1.1　拜耳法生产氧化铝基本工艺流程图

1807—1854 年,英国的戴维和德国的本生及法国的特维耳多次做试验,因当时的能源问题没有成功。1867 年,发电机出现,并在 1880 年实现了三相交流输电。充足的电力,给实现工业电解法炼铝提供了前提条件。

1886 年,美国的霍尔和法国的埃鲁特分别申请的冰晶石-氧化铝熔盐电解法(也称为霍尔—埃鲁特熔盐电解法)专利获得批准,并于 1889 年首先在美国匹兹堡实现应用。霍尔-埃鲁特熔盐电解法即以熔融冰晶石为溶剂、氧化铝为溶质、碳素体为阳极、铝液为阴极,在直流电作用下,制得金属铝。其基本工艺流程如图 1.2 所示。

从 1886 年至今,冰晶石—氧化铝(霍尔—埃鲁特)熔盐电解法工艺原理没有变

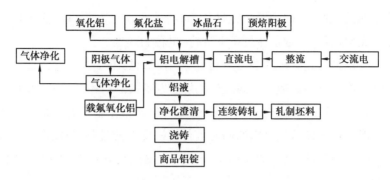

图 1.2　霍尔—埃鲁特熔盐电解法基本流程图

化,但铝电解槽的结构发生了很大的变化。铝电解生产直流电耗由最初的 40 kW·h/kg 降到现在的 12.5 kW·h/kg,电流效率由最高的 75% 达到现在 92% 的平均水平,槽容量由最初的几千安增加到现在的 660 kA[4]。

1.1.4　铝加工工艺概述

材料加工工艺一般是指将材料制备成具有一定形状、尺寸和性能的制品的过程,主要涵盖材料的成形加工、内部组织结构的控制以及表面处理等方面。铝加工是将铝锭通过熔铸、轧制(或挤压)和表面处理等多种工艺和流程,生产出各种形态的产品,供交通运输、建筑、包装、电气、机械设备等行业使用。

铝合金可分为铸造铝合金和变形铝合金。将特定组成的铝合金液体在重力或外力作用下充填到型腔中,待其凝固冷却后,获得一定形状、尺寸和性能的铸件、压铸件等铸造材的过程,称为铝合金的铸造工艺。铸造生产一般由铸型制备、合金熔炼及浇注、落砂及清理 3 个相对独立的工艺过程组成。

变形铝合金是指通过挤压、轧制、拉拔、锻压等压力加工工艺制备成的管、棒、线、板、带、箔、自由锻件与模锻件等加工材。铝合金变形加工产品按照加工工艺的不同可分为铝挤压材和铝板带箔两大类。

挤压是指对挤压模具中的金属锭坯施加强大的压力作用,使其发生塑性变形从挤压模具的模口中流出,或充满凸、凹模型腔,而获得所需形状与尺寸制品的塑性成形方法。铝合金挤压工艺主要用于生产挤压型材,特别是铝建筑型材和工业型材。

轧制(压延)是指靠旋转的轧辊与轧件之间形成的摩擦力将轧件拖入辊缝之间,并使之受到压缩产生塑性变形的过程。铝合金轧制(压延)工艺主要用于铝板、带、箔生产,被广泛应用于国民经济的各个领域。

锻造就是借助外力的作用,使金属坯料产生塑性变形,从而获得具有一定形状、尺寸和性能的锻压件,又称为锻压或冲压,可分为自由锻和模锻。为了使金属材料在高塑性下成型,锻造通常是在热态下进行,也称为热锻。

此外,连铸连轧、连续铸轧等工艺也是常用的铝加工工艺。连铸连轧是指将液态铝合金倒入连铸机中铸造出金属坯(称为连铸坯),然后不经冷却,在均热炉中保温一定时间后直接进入热连轧机组中轧制成型的金属轧制工艺过程。连续铸轧是指将铝合金熔体在连续铸造凝固的同时进行轧制变形的过程,将液态铝合金直接浇入辊缝中,轧辊既起着结晶器的作用又同时对金属进行轧压变形,又称为液态轧制或无锭轧制[5]。

1.2　世界铝工业发展概况

1.2.1　世界铝土矿资源概况

世界铝土矿资源极其丰富,据美国地质调查局估计,世界铝土矿的资源量(储量加上次经济资源及未发现矿床)为 550～750 亿 t,基础储量为 380 亿 t,现已探明储量为 280 亿 t。

全球铝土矿成矿带主要分布在非洲、大洋洲、南美及东南亚。从国家分布来看,铝土矿主要分布在几内亚、澳大利亚、巴西、越南、牙买加、印度尼西亚等国,其中几内亚(储量 74 亿 t)、澳大利亚(储量 60 亿 t)、越南(37 亿 t)、巴西(储量 26 亿 t)、牙买加(20 亿 t)、印度尼西亚(12 亿 t)6 国已探明铝土矿储量约占全球铝土矿总储量 280 亿 t 的 82%,如图 1.3 所示。

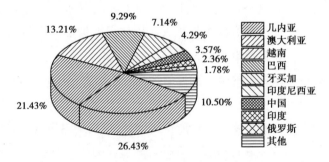

图 1.3　世界铝土矿资源分布图(2019 年)

几内亚铝土矿储量居世界第一,占世界总储量的 26.43%,号称"铝矾土王国"。几内亚铝土矿分布广泛,在距离大西洋 100～500 km 的上几内亚、中几内亚和下几内亚地区均有矿床分布。尤其是下几内亚地区,被认为有全几内亚最好的铝土矿矿区,矿产主要分布在福里亚、金迪亚和博凯地区,储量约50亿t。中几内亚地区内铝土矿主要分布在拉贝、高瓦尔以及图盖地区,其中拉贝地区铝土矿储量约4.60亿t,氧化铝含量达46.70%,二氧化硅含量1.88%;高瓦尔地区铝土矿储量约4.60亿t,氧化铝含量达48.70%,二氧化硅含量2.10%;图盖和上几内亚的达博拉地区也有近20亿t铝矾土,氧化铝含量达44.10%,二氧化硅含量2.60%。

几内亚整体矿产资源开发程度较低,目前进行成规模工业化开采的只有铝土矿,但与资源量相比,几内亚铝土矿仅开发了不到10%。境内矿业开发的控制权主要掌握在欧美、俄罗斯、阿联酋、南非一些大型矿业公司手中,长期被控制在美铝、俄铝等跨国铝业公司手中。近年来,中铝、中国宏桥集团迅速崛起,几内亚铝土矿开采格局逐渐发生结构变化。

澳大利亚铝土矿已探明资源储量居世界第二位,主要集中在3个地区:一是昆士兰北部,即卡奔塔利亚湾附近的韦帕和戈夫地区;二是西澳珀斯南面的达令山脉,上述两个地区是世界上最大的、已探明可以开发的铝土矿资源区;三是西澳北部的米切尔高地和布干维尔角。

越南铝土矿远景总资源量约80亿t,主要分布在越南中南部的多乐、多农、昆嵩、林同省,主要矿床有多农省的Quang Son、the Gia Nghia等7个矿床(储量约为27亿t),林同省的保禄矿床(储量约1.40亿t)、新濑矿床(储量约1.80亿t)等。铝土矿矿床类型主要有两种:红土型和沉积型。其中红土型比较重要,原矿平均品位Al_2O_3为36%~39%,共有40.50亿t储量;沉积型铝土矿产主要分布在北方的河江、高平、谅山等省内,一般品位(Al_2O_3)为39%~65%,矿床规模较小。

铝土矿是越南优势矿产之一,但越南政府在矿产资源开发政策方面持非常审慎的态度,规定不得出口铝土矿,进行铝土矿开发的同时应当附带氧化铝厂的建设。

从全球铝土矿储量角度来看,中国不属于铝土矿资源丰富的国家,铝土矿储量为10亿t,不仅远低于几内亚、澳大利亚、巴西,即便在亚洲也低于越南和印度尼西亚。

近几年来,世界铝土矿产量呈现稳定的增长趋势,2019年世界铝土矿产量3.7亿t,相比2018年的32.7亿t增长13.15%,如图1.4所示。世界铝土矿供给国以澳大利亚、几内亚、中国等为主。澳大利亚2019年铝土矿产量约1亿t,占全球铝土矿产量的27%;几内亚2019年铝土矿产量8 200万t,占比22.20%;中国2019年铝土矿产量约为7 500万t,占比20.30%,如图1.5所示。

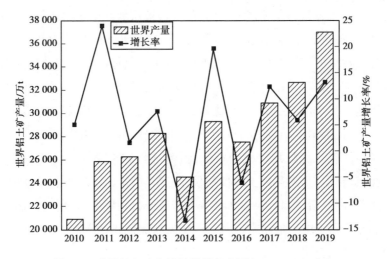

图 1.4　世界铝土矿产量及其增长率图(2010—2019 年)

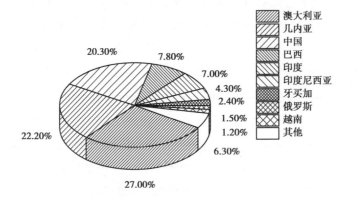

图 1.5　世界铝土矿产量分布图(2019 年)

1.2.2　世界氧化铝工业发展概况

氧化铝主要从铝土矿中提取,目前 95% 以上工业生产氧化铝采用拜耳法生产工艺。纯净氧化铝是白色无定形粉末,难溶于水,可溶于无机酸和碱性溶液,具有无臭、无味、质极硬,易吸潮而不潮解,飞扬轻、流动性好、易溶解、吸附性强等特点。

世界上 90% 以上的氧化铝作为生产电解铝的原料,称为冶金级氧化铝。氧化铝工业的兴衰主要取决于电解铝工业的发展状况。冶金级氧化铝之外的氧化铝称为非冶金级氧化铝、多品种氧化铝或化学品氧化铝。世界上非冶金级氧化铝发展迅速,在电子、石油、化工、材料、陶瓷、电缆、洗涤、军工、环保及医药等领域得到广泛应用[6]。

1894 年,世界上第一个拜耳法氧化铝生产工厂投产,日产仅 1 t 多。近 130 年

8

来,随着世界对金属铝需求量的增加,氧化铝工业得到了快速发展,2019 年世界氧化铝产量达到了近 12 600 万 t,如图 1.6 所示。

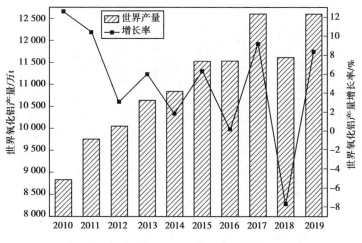

图 1.6　世界氧化铝产量及其增长率(2010—2019 年)

随着氧化铝工业的发展,其生产技术与装备水平不断提高,集中体现在能耗大幅下降。在 20 世纪 50 年代,每吨氧化铝的综合能耗平均为 30 GJ,近年来,每吨氧化铝的综合能耗平均一般为 10 ~ 12 GJ,如图 1.7 所示。世界领先水平的巴西氧化铝的平均能耗仅为 8.60 GJ/t,如图 1.8 所示。

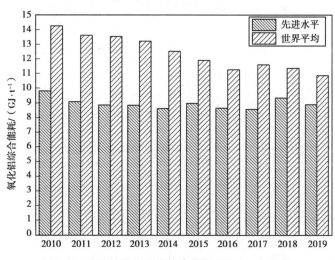

图 1.7　世界氧化铝平均综合能耗(2010—2019 年)

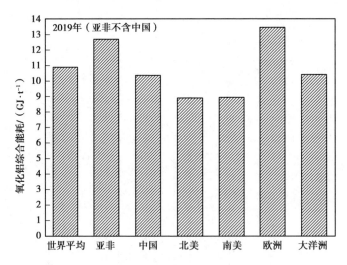

图 1.8　世界不同区域氧化铝综合能耗(2019 年)

1.2.3　世界电解铝工业发展概况

铝电解工业也称原铝工业。冰晶石—氧化铝(霍尔—埃鲁特)熔盐电解法是现阶段工业生产原铝的唯一方法。1889 年,法国在 Froges 建造第一台 1000A 的单阳极铝电解槽。1888—1989 年,在美国的匹兹堡和瑞士的纽豪斯,采用霍尔—埃鲁特熔盐电解法建造了世界上第一批铝电解槽。1935 年,早期开发的预焙阳极电解槽容量达到 50 kA。20 世纪 50 年代,美铝集中在田纳西工厂进行了大型预焙铝电解槽的集中开发,并成功开发了 100 kA 预焙铝电解槽。20 世纪 60—70 年代是全球大型预焙槽开发阶段,以法国彼施涅铝业公司为代表,相继开发了 130 kA、180 kA 预焙铝电解槽;以美国铝业为代表,开发了 P-155 槽,电解槽容量达到 155 kA,20 世纪 70 年代开发了 P-225 型和系列 A-697 型电解槽,电解槽容量达到 200 kA 左右及 230 kA,并于 20 世纪 70 年代末投产。1981 年,彼施涅开始开发研究 AP30(300 kA)电解槽,1986 年采用 AP30 技术建设了一个 G 系列;1995 年开发了 AP40(400 kA)槽;2001 年开发了世界最大容量的 AP50(500 kA)电解槽技术。目前,工业电解槽的容量已发展到 660 kA,最大电流效率达到 96.20% 的水平,直流电耗达到 12 600 kW·h/t,烟气集气率和烟气、粉尘总净化率达到 98.5% 和 98% 。

随着电子计算机控制技术、干法烟气净化技术、点式下料技术、氧化铝超浓相输送技术、新阴极材料和高质量阳极生产技术、大功率高效率的整流装置技术、配套工艺操作装备(如出铝、更换阳极、提升母线等装备)的生产技术等的完善与集成应用,世界电解铝工业发生了巨大变化。

几十年来,铝工业的发展速度十分惊人。1940年世界各地原铝产量不到10万t,1970年已超过1 000万t,1980年达1 650万t以上,其主要生产国家和地区为苏联、北美和欧洲。日本曾经是铝电解工业大国,年产能曾达160万t,20世纪70—80年代两次能源危机后,日本几乎关闭了国内的电解铝厂。2014年3月,日本最后一家铝电解厂——日本轻金属蒲原工厂正式停产,日本本土铝电解产业完全消失[7,8]。

进入21世纪后,特别在近10年来,世界铝产量平均以5.5%左右的速度递增(图1.9),能耗获得大幅降低(图1.10、图1.11)。

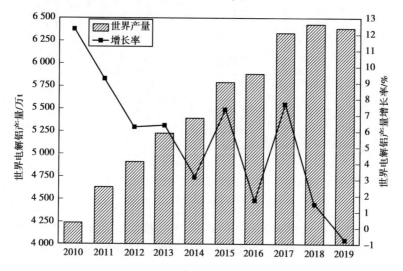

图1.9　世界电解铝产量及其增长率(2010—2019年)

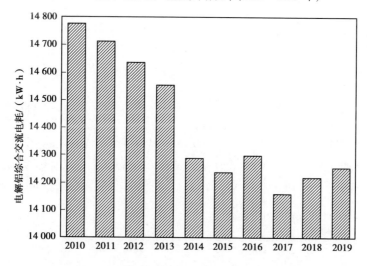

图1.10　世界电解铝综合交流电耗(2010—2019年)

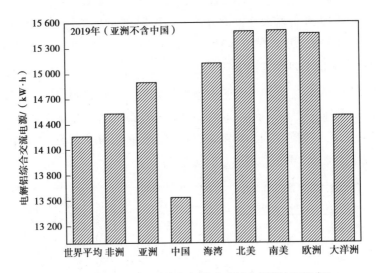

图 1.11　世界不同区域电解铝综合交流电耗图(2019 年)

1.2.4　世界铝加工工业发展概况

随着以铝代钢、以铝代木等应用领域的不断扩大,对铝材的品种和质量提出了越来越高的要求,大大刺激了铝加工技术的发展。随着铝材加工技术的不断成熟完善,铝加工工业在生产规模、产品品种、质量、工艺技术和装备水平等方面都有了长足的进步,全球铝材产量不断提升(图 1.12)。随着品种增加、品质提升,铝材更广泛地应用于建筑、电力、汽车制造、家电、电子及机械设备等领域,市场需求有望继续

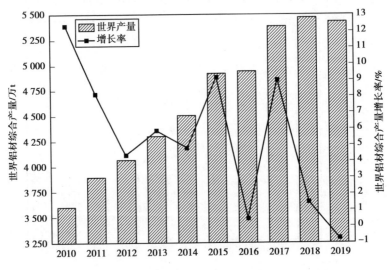

图 1.12　世界电解铝产量及其增长率(2010—2019 年)

释放。未来几年,全球铝材市场需求年复合增速约为 5%,到 2023 年,全球铝材的市场消耗量有望达到 7 400 余万 t,将成为钢铁材料的重要竞争对手。

以美、日、德等铝加工发达国家为代表,铝加工业在 20 世纪末已基本完成了优胜劣汰、兼并重组的整合进程,建立了跨国集团公司,并进行全球化生产和经营。其中,典型的是美铝公司,几乎囊括了全部铝加工材品种,在全世界各主要地区都设有分支机构;而以日本、德国铝加工企业为代表,引导世界铝加工向着高精尖方向发展,在饮料罐板和高档 PS 版基材等研发和生产上处于世界领先水平[9]。

近年来,全球铝加工工业呈现出以下特征:一是铝加工企业都在尝试延伸产业链,进入深加工领域,以求获得更高的产品附加值;二是随着资源的消耗,能源价格的高涨,利用能源和资源消耗更小的再生铝作为原材料生产铝加工产品的趋势越来越明显;三是以铝代钢的步伐越来越快;四是瞄准新兴市场和发展中国家或地区,尤其是在中国进行布局;五是强化创新研发,不断推出享有独立技术的新产品。具体体现为:铝加工工艺,向着更精细化方向发展;铝加工装备,向着智能化方向发展;企业建设,向着大而强和专而精方向发展。

1.3　中国铝工业发展概况

1.3.1　中国铝土矿资源概况

中国铝土矿矿物类型以一水硬铝石为主,在已探明的铝土矿储量中,一水硬铝石型铝土矿储量占全国总储量的 98% 以上,绝大部分具有高铝、高硅、低铁的突出特点,铝硅比偏低。

中国铝土矿的普查找矿工作始于 1924 年,日本人坂本俊雄等人对辽宁辽阳、山东烟台地区的矾土页岩进行了地质勘查。此后,日本人小贯义男等及中国学者王竹泉、谢家荣、陈鸿程等先后对山东淄博、河北唐山和开滦、山西太原和阳泉、辽宁本溪和复州湾地区的铝土矿和矾土页岩进行了地质调查。1940 年,边兆祥对云南昆明板桥镇附近的铝土矿进行了调查。1942—1945 年,彭琪瑞、谢家荣等先后对云、贵、川等地的铝土矿和高铝黏土进行了地质调查和系统采样。

中国铝土矿真正的地质勘探工作是从中华人民共和国成立开始的。1953—1955 年,冶金部和地质部先后对山东淄博、河南巩义、贵州黔中、山西阳泉等矿区进行了地质勘探。1958 年以后,先后发现勘探了河南张窑院、广西平果、山西孝义等铝土矿矿区,累计探明资源储量 1 200 Mt。1980—1994 年,铝土矿资源储量增加约 1 100 Mt。21 世纪头两年新增资源储量 200 Mt。2004 年后,中国氧化铝生产快速增长,铝土矿资源消耗过快。2007 年开始,新发现的铝土矿资源不能弥补消耗量。

2018 年,中国已查明铝土矿资源储量 51.70 亿 t,其中具有经济意义、可开采利用的铝土矿储量仅有 9.80 亿 t,占全国已查明资源储量的 19% 左右,占全球铝土矿总储量的 3.2% 左右,静态保障年限只有 5.70 年。中国铝土矿资源储量具体分布情况如图 1.13 所示。

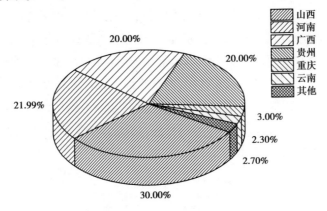

图 1.13　中国铝土矿资源储量分布图(2019 年)

近年来,中国铝工业的高速发展,对铝土矿的需求急剧增加,造成铝土矿过度开采、无序开采,致使铝土矿资源日趋匮乏,资源保有储量及矿石质量快速下滑,高铝富矿供给矛盾突出。为确保铝工业的可持续发展,国内越来越多的氧化铝生产企业采用国外进口铝土矿。使用国外进口铝土矿,是实施"一带一路"倡议下众多受益的一个缩影,可有效地解决中国铝土矿的供给矛盾,推进中国铝工业持续发展,对中国铝工业产业结构布局、技术研发方向等产生一定的影响。

2019 年,中国进口铝土矿首次突破亿吨,达到 1.007 亿 t,占中国铝土矿消耗总量的 60% 以上(图 1.14)。进口铝土矿主要来自几内亚、澳大利亚、印度尼西亚等国,其中来自几内亚、澳大利亚的合计高达 8 000 万 t(图 1.15)。国外进口铝土矿的使用,确保了中国氧化铝工业持续稳定的发展,但铝土矿进口比重过大、对外依存度过高、进口国别过于集中,会带来一些不确定因素,存在一定风险。

中国有近 70% 的氧化铝产能布局在河南、山西、贵州、重庆等内陆省或直辖市,对内陆氧化铝主产区,使用进口铝土矿需要较高的物流运输成本。此外,尚需将现行生产线进行一定的改造,会产生一定的成本。加之对比国内,国外进口铝土矿的价格并不具有明显价格优势(图 1.16)。

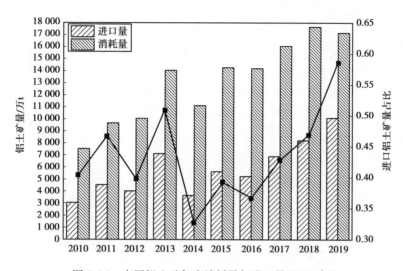

图 1.14　中国铝土矿年度消耗量与进口量(2019 年)

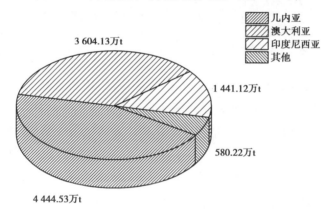

其他主要来自马来西亚、巴西、所罗门群岛等。

图 1.15　中国铝土矿进口国别及数量(2019 年)

　　进口铝土矿可有效地解决中国铝土矿的供给矛盾,构建全产业链的结构布局,推进中国铝工业工艺技术研发路径的调整,保障中国铝工业持续发展。但铝土矿进口比重过大、进口国别集中度过高,会带来不确定因素,存在较大风险。一方面,应积极开拓世界铝土矿供给市场,降低进口铝土矿国别集中度;另一方面,应立足国内现有存量,加大铝土矿资源勘探力度,研发铝土矿选矿技术、低品位铝土矿氧化铝生产工艺等,积极完善区域铝工业产业链布局结构,形成协同发展效应,提升行业竞争力。两个方面齐头并进,方可确保中国铝工业健康持续发展。

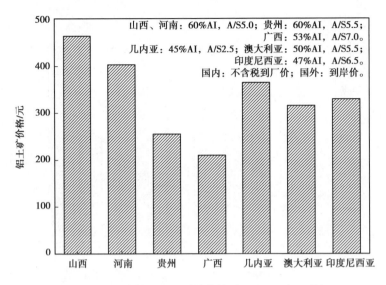

图 1.16　国内外铝土矿平均价格对比(2019 年 9 月)

1.3.2　中国氧化铝工业发展概况

中国氧化铝工业始于中华人民共和国成立伊始,1954 年 7 月在山东建成 501 厂。随着铝土矿资源的发现,相继建设了 503 厂(郑州铝厂)、302 厂(贵州铝厂)、山西铝厂、中州铝厂和平果铝厂,形成了氧化铝工业六大企业格局。2005 年山东茌平氧化铝厂投产,六大企业格局才开始改变,中国氧化铝工业迎来了新的发展高潮[6]29-37。

经过近 70 年的发展,中国氧化铝工业形成了完备的产业链条、巨大的产业规模及独特的工艺技术路线。中国现有大小氧化铝生产企业近 60 家,总产能达 8 500 万 t,其选址主要由铝土矿资源、环境保护要求、原材料供给等条件决定,一般都布局在靠近铝土矿产地,主要分布在山东、山西、河南、广西、贵州等省份,占全国总产能的95% 左右(图 1.17)。

中国氧化铝产量从 1954 年的 2.66 万 t 开始发展,2019 年中国氧化铝产量高达 7 247 余万 t,约占世界氧化铝总产量的 57.50%,连续 13 年位居世界氧化铝产量首位(图 1.18)。作为新中国第一个氧化铝厂承载地的山东,其所属淄博铝土矿是全国发现最早的铝土矿,经过多年的采掘,铝土矿基本消耗殆尽,但为山东形成了完备的铝工业体系。面对铝土矿资源的匮乏,山东氧化铝企业利用自身区位优势,调整生产工艺,积极使用国外进口铝土矿,确保了山东氧化铝工业可持续发展。至 2019 年年底,已形成 2 700 余万 t 氧化铝产能,占比全国总产能的 32.22%,位居全国第一。

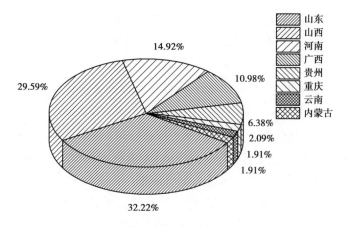

图 1.17　中国氧化铝产能分布图(2019 年)

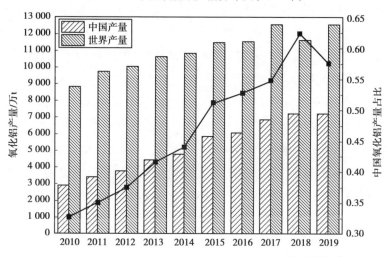

图 1.18　世界与中国氧化铝产量及中国占比(2019 年)

　　我国氧化铝工业从无到有,从小到大,取得了很好的成绩,为我国电解铝工业的发展提供了有力保障,同时面临着诸多挑战,其中最大的挑战是高品位铝土矿资源的衰竭。为确保中国氧化铝工业可持续发展,其主要发展方向重点体现在 3 个方面,即进口铝土矿资源生产氧化铝技术、中低品位铝土矿资源的综合利用技术及铝土矿替代资源的综合利用技术。

1.3.3　中国电解铝工业发展概况

　　中国电解铝工业始于 1936 年"满洲轻金属制造株式会社"抚顺工厂,该厂利用本溪附近的矾土页岩和东北的电力资源,主要生产金属铝和矽铁。1954 年 10 月采用侧插自焙阳极电解槽技术的抚顺铝厂(301 厂)投产,年产能力为 2.50 万 t,形成新中国第一个电解系列,1957 年产能达到 7.00 万 t。

20 世纪 60 年代,宁夏青铜峡铝厂(304 厂)、贵州铝厂(302 厂)采用自主开发的上插自焙电解槽技术,形成了完整的上插槽铝电解系列。20 世纪 70 年代中期,中国的铝电解技术主要采用 45~80 kA 槽容量较小的侧插和上插自焙阳极铝电解工艺,产能规模基本在 6.00 万 t/年以下。20 世纪 80 年代后,在"优先发展铝"的战略方针指导下,中国铝工业出现了新局面。郑州铝厂自行开发了 80 kA 和 135 kA 预焙阳极铝电解技术;引进、消化日本轻金属 160 kA 电解槽技术,在青海铝厂、贵州铝厂进行了自主设计和建设;通过对预焙阳极电解槽生产经验的总结和技术研究,大幅改善了铝电解生产的电流效率和直流电耗等技术经济指标;"七五""八五"期间,中国自行开发了具有自主知识产权的多容量大型预焙铝电解槽技术,特别是由郑州轻金属研究院、贵阳铝镁院、沈阳铝镁院共同研发的 280 kA 大型预焙槽电解技术,成为中国现代铝电解工业技术发展的里程碑;20 世纪 90 年代末,拥有了 180~350 kA 等不同规格的大型预焙阳极电解槽成套技术和装备;2008 年,400 kA 电解槽投入工业化应用;2011 年,500 kA 电解槽投入系列化应用;2012 年 8 月,连城铝厂 12 台 600 kA 试验铝电解槽建成启动;2014 年 12 月,全球首条全系列 600 kA 铝电解槽在山东魏桥创业集团投产运行;2017 年,中国 400 kA 及以上电解槽所占产能达到 2 601 万 t,占全国电解铝运行总产能的 70.60%[6]。

中国电解铝技术起步晚,发展快,主要布局在中国煤炭和水电资源丰富、能源价格相对低廉的西部地区(图 1.19)。近 10 年来,我国在产业规模、工艺技术等方面均取得了极大的进展。2019 年,中国原铝产量高达 3 500 万 t(图 1.20),占全球总产量的 55% 左右(图 1.21),连续 19 年位居世界第一,但能耗逐年下降(图 1.22)。

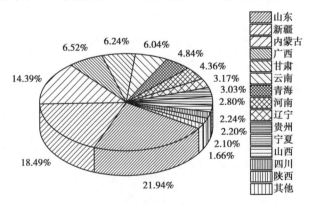

图 1.19　中国电解铝产能分布图(2019 年)

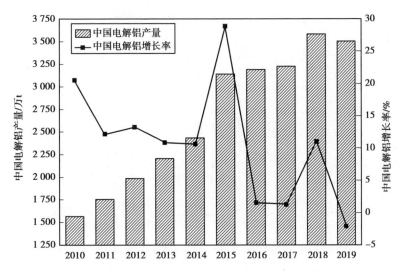

图 1.20　中国电解铝产量及其增长率(2010—2019 年)

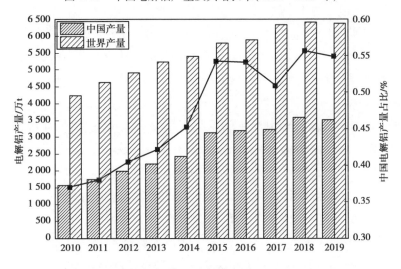

图 1.21　世界与中国氧化铝产量及中国占比(2019 年)

新中国电解铝工业经过近 70 年的快速发展,在各方面都取得了巨大的成就,同时面临着诸多的挑战与问题。虽然中国电解铝的槽容量达到世界领先水平,但诸如阳极电流密度、槽寿命、电力价格高等部分经济技术指标与世界先进水平相比尚有部分差距。另外,电解铝工业的无序发展,造成产能巨大,产能运行率偏低。

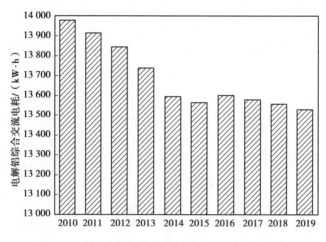

图 1.22　中国电解铝综合交流电耗(2010—2019 年)

1.3.4　中国铝加工工业发展概况

中国的铝加工工业始于 1932 年上海华铝钢精厂的建成投产,当时其板、带、箔生产能力为 3 500 t/年,是远东地区最大的铝箔轧制企业,而中国现代化铝加工工业则始于 1956 年 11 月 5 日东北轻合金有限责任公司(当时代号为 101 厂)一期工程的全面建成投产。

高速增长的中国经济对铝产生了巨大需求,推动了国内铝工业快速发展(图 1.23),铝材综合产量占比逐年提高(图 1.24),中国成为世界上举足轻重的铝材生产大国。

目前,国内铝材总产能约 6 000 万 t,占全球产能约 60%,铝加工生产企业分布于 29 省市,分布面较广,70%以上的产能集中于 10 个省市中,形成了以山东、河南、广东、江苏为代表的区域铝加工集群和较完善的加工体系,仅山东和河南两省产量就占到全国的 36.31%,产能集中度相对较高,如图 1.25 所示。从企业层面来看,中国铝加工企业目前有 2 000 家左右,其中铝挤压厂有 780 多家,铝板带箔厂有 650 多家,形成了以中铝集团、南山铝业、辽宁忠旺等为代表的百万吨级综合性铝加工龙头企业,同时在细分市场领域也形成了一批具有国际影响力的企业。

2019 年中国铝材综合产量为 4 010 万 t,其中铝挤压材 2 008 万 t、铝板带材 1 136 万 t、铝箔材 400 万 t、铝线材 430 万 t、铝粉 16 万 t、铝锻件和其他材 20 万 t。在各类铝材中,铝挤压材(型材)产量占比最大,约占整个铝材产量的 50%,板带箔材约占 38%,如图 1.26 所示。

虽然中国是世界头号铝加工材生产国,但面临一系列问题:产能过剩;铝加工产

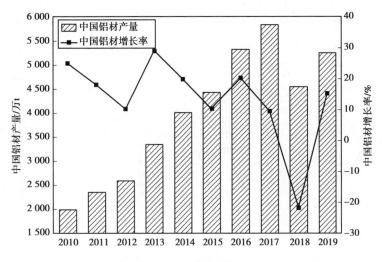

图 1.23 中国铝材产量及其增长率图(2010—2019 年)

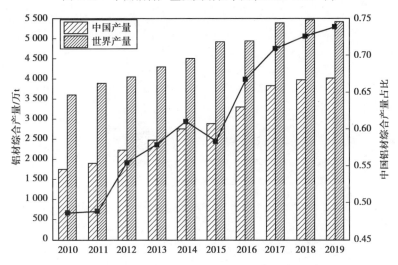

图 1.24 世界与中国铝材综合产量及中国占比图(2010—2019 年)

业集中度低;铝材应用广度不足;产品深加工程度不足;废旧铝回收体系不完善;产品品种少、质量档次不高;产品结构有待进一步提升;科技创新和自主开发能力弱;政府宏观调控作用发挥不够等;尚处于铝产业链的中低端;普通产品生产能力过剩,需要依赖出口消化,而高技术、高精度、高质量产品的生产能力却不足,需要依赖进口补充;特别是以铝合金汽车外板、航空铝合金预拉伸机翼板等为代表的高精尖产品一直大量依赖进口;在高端铝合金方面,基本被美国铝业公司、加拿大铝业公司、德国克鲁斯铝业公司和日本轻金属公司所垄断,其根本原因在于高性能铝合金的生产装备和工艺没跟上[10]。

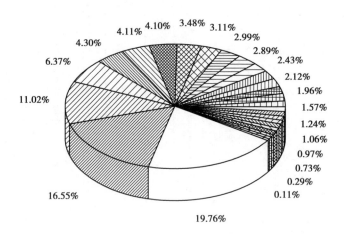

图 1.25　中国铝加工产能分布图(2019 年)

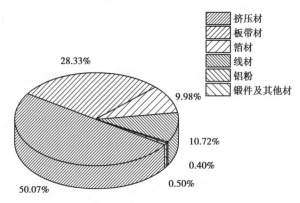

图 1.26　中国压力加工铝材分品种产量图(2019 年)

　　总之,中国铝加工在重大关键技术研发和新产品项目以及行业技术装备水平方面与世界铝工业先进水平相比还有差距,在第三代铝锂合金技术、全铝车身、航空航天铝板以及发动机制造等领域的工艺装备水平和设计制造能力仍有欠缺。供给模式部分导致了中国铝材消费结构的差异,与欧美发达国家存在较大差异。建筑业是中国铝材最大的应用领域,占比33%;交通、电力、包装、机械制造、耐用消费品和电子通信,分别占21%、12%、10%、8%、8%和4%。美国交通运输是第一大用铝领域,占比为39%,而建筑领域占比为25%,包装领域占比为16%。从历史数据看,建筑耗铝也曾是美国铝消费占比最大的项目。1972 年,美国建筑耗铝占到 26% ,而交通及包装耗铝占比还不是很大。2010 年,美国交通及包装耗铝已经超过 60% 的比例,交通耗铝甚至超过 35% 。这些说明中国在交通运输及包装用铝方面消费还有提升空间。

　　近年来,中国将重点牌号铝材研制和应用列为铝产业重点工作,力推航空铝材国产化,力争突破技术壁垒,取得了一定的成效。中国铝材消费正发生着结构性变化,高端铝材消费正在大幅上升,具体表现为:①铝消费增长速度在各消费领域发生分化,虽然建筑行业作为第一大消费领域的地位在短时期内还难以被替代,但是交通运输、包装容器等领域铝消费增幅将持续超过建筑等传统消费领域的增长,从而对整体消费规模的扩大发挥积极作用;②中国铝加工产品将从中低端向中高端方向发展,逐步掌握一些产品的核心关键技术,如有竞争实力的铝加工企业,在企业发展战略上,定位于高端铝材市场,研发、生产高端铝材,进而再布局铝材深加工,走一条"高端铝材+深加工产品"的复合型发展路线[11]。

1.4　小　结

　　本章对铝及其合金的性能、用途、生产工艺及发展状况进行了概述性介绍,重点对铝土矿采掘工艺、氧化铝、电解铝、铝加工工艺及世界与中国铝土矿资源状况、氧化铝工业发展、电解铝工业发展、铝加工工业发展作了评述。从中可知,铝工业发展尽管只有不到 170 年的历史,但随着科技的进步,从拿破仑显示自己的高贵和尊严的铝餐具,到如今铝制手机壳、铝制家具、铝制自行车等铝产品走进了寻常百姓家,世界铝工业、中国铝工业都发生了翻天覆地的变化。

参考文献

[1] 毕诗文,于海燕.氧化铝生产工艺[M].北京:化学工业出版社,2005.

[2] 陈咸章.世界和中国铝土矿资源的开发与利用[M].贵阳:贵州科技出版社,2001.

[3] 李旺兴.氧化铝生产理论与工艺[M].长沙:中南大学出版社,2010.

[4] 邱竹贤.预焙槽炼铝[M].北京:冶金工业出版社,2004.

[5] 谢水生,刘静安,徐骏,等.简明铝合金加工手册[M].北京:冶金工业出版社,2016.

[6] 厉衡隆,顾松青,李金鹏,等.铝冶炼生产技术手册[M].北京:冶金工业出版社,2011.

[7] 三和元.日本铝产业——铝冶炼产业的兴衰[M].章吉林,史宏伟,赵正平,等,译.北京:化学工业出版社,2020.

[8] 姜玉敬.世界电解铝工业的发展与启示[N].中国有色金属报,2016-11-17(3),2016-11-19(3).

[9] 张建国.国内外铝加工业的发展现状及技术水平对比分析[J].资源再生,2015(5):64-66.

[10] 卢建.中国铝加工工业发展现状及分析[J].轻合金加工技术,2017(8):13-19.

[11] 屠雯.范顺科:新时代中国铝加工产业面临的形势及努力方向[J].中国有色金属,2018(9):48-51.

第 **2** 章
复杂铝电解质体系

铝电解工业作为铝工业的一个重要中间环节,95%左右的氧化铝用于电解铝生产,而电解铝基本上全部作为铝加工的原材料。电解铝工业在整个铝工业链中起到承上启下的作用。

冰晶石—氧化铝熔盐电解是现代铝电解工业生产原铝的唯一方法,铝电解质是铝电解反应的"血液",是炼铝的核心部分。铝电解质溶液介于阳极和阴极之间,上方与炭阳极、阳极气体、氧化铝结壳以及从结壳进入的空气接触;下方是铝液,铝电解质可通过铝液与阴极炭块接触并渗透到阴极炭块中;四周与侧部炭块相接触。铝电解质担负着导电、溶解氧化铝、维持热平衡的重任,是铝电解时溶解氧化铝并电解还原氧化铝成为金属铝的反应介质,发生着电化学、物理化学、电、磁、热、力、流、浓度等耦合反应,是成功进行铝电解必不可少的组成部分之一,决定着铝电解过程温度的高低、电解过程是否顺利,并在很大程度上影响着铝电解的能源消耗、产品质量和槽寿命等经济技术指标,其重要性不言而喻[1]。

近年来,我国铝电解企业所使用的原料氧化铝来源复杂,部分国产氧化铝杂质含量高,导致铝电解质体系复杂化。随着众多铝电解企业电解质体系的复杂化,铝电解生产工艺技术参数的控制造成了极大的困难。开展复杂铝电解质体系相关研究,分析其机制,并提出相应的解决措施,为复杂铝电解质体系的工艺控制优化提供理论支持,对铝电解槽实现高效平稳运行具有重要意义。

2.1　工业铝电解质体系的类别

自冰晶石—氧化铝熔盐铝电解工艺发明以来，铝电解质体系得到了很大的改进，主要表现在电解质酸碱度及成分的演变。铝电解质体系从 1888 年的低分子比（1.00）演变，经历了 4 个阶段：原始的低分子比电解质，分子比 1.00（1888年）；弱碱性至中性电解质（1888 年至 20 世纪 50 年代）；弱酸性至酸性电解质，分子比 2.60 ~ 2.90（20 世纪 50 年代）；强酸性电解质，分子比低于 2.40（从 20 世纪 80 年代起[2]）。

目前，工业铝电解质体系通常含有冰晶石（80.00% 左右）、氟化铝（6.00% ~ 13.00%）、氧化铝（1.50% ~ 3.00%）以及添加剂氟化钙、氟化镁、氟化锂、氟化钾等。国外的铝电解质体系相对比较简单，仍然保持传统的 Na_3AlF_6-CaF_2-Al_2O_3 体系。在我国，为改善电解质的理化性能而添加或原料中含有杂质的自然积累，氟化钙、氟化镁、氟化锂及氟化钾等物质普遍存在于工业电解质中，且不同工厂所用电解质体系存在一定的地域性与差异性。

一般将现行铝电解质体系分为以下 6 个类别：

①Na_3AlF_6-Al_2O_3-AlF_3-CaF_2 四元体系。

②Na_3AlF_6-Al_2O_3-AlF_3-CaF_2-MgF_2 五元体系。

③Na_3AlF_6-Al_2O_3-AlF_3-CaF_2-LiF 五元体系。

④Na_3AlF_6-Al_2O_3-AlF_3-CaF_2-MgF_2-LiF 六元体系。

⑤Na_3AlF_6-Al_2O_3-AlF_3-CaF_2-MgF_2-KF 六元体系。

⑥Na_3AlF_6-Al_2O_3-AlF_3-CaF_2-MgF_2-LiF-KF 七元体系。

在上述 6 个类别的铝电解质体系中，一般将 Na_3AlF_6-Al_2O_3-AlF_3-CaF_2 传统四元体系归结为简单铝电解质体系，Na_3AlF_6-Al_2O_3-AlF_3-CaF_2-MgF_2 五元体系、Na_3AlF_6-Al_2O_3-AlF_3-CaF_2-LiF 五 元 体 系、Na_3AlF_6-Al_2O_3-AlF_3-CaF_2-MgF_2-LiF 六元体系、Na_3AlF_6-Al_2O_3-AlF_3-CaF_2-MgF_2-KF 六元体系及 Na_3AlF_6-Al_2O_3-AlF_3-CaF_2-MgF_2-LiF-KF 七元体系归结为复杂铝电解质体系。

2.2 复杂铝电解质体系的现状

近年来,我国氧化铝工业的高速发展导致我国铝土矿过度开采,品位急剧下降。同时,我国一水硬铝石型铝土矿中铝、锂、钾等共生矿比重较大,造成国内部分地区生产的氧化铝中微量元素含量增大,造成电解生产中电解质锂、钾、钙等多种元素在铝电解质体系中逐渐富集,导致铝电解质体系复杂化。

为了解国内不同铝电解企业的电解体系状况,笔者调研了我国西南、中部、东北、西北4个典型铝电解生产区域内16个生产系列,槽容量涵盖180~500 kA系列铝电解槽,重点分析了铝电解体系中氟化锂、氟化镁、氟化钾及氟化钙等添加剂的含量。

如图2.1、图2.2所示,在调研的4个区域的16个铝电解生产系列中,电解质体系较复杂,其中氟化锂的平均含量具有明显的区域分布特征。中部地区铝电解生产系列中氟化锂含量最高,部分铝电解体系中氟化锂平均浓度达到5.20%左右,个别单体铝电解槽氟化锂浓度甚至达到8%以上,远高于1.50%~3.50%的最佳理论浓度,给工艺调控和生产运行带来了极大的困难;西北区域铝电解系列次之,平均氟化锂浓度为3.90%左右;西南区域铝电解系列中,氟化锂平均含量为1.50%左右,在最佳氟化锂理论浓度控制范围之内;调研的东北区域内的两个铝电解系列中氟化锂含量最低,平均含量为0.30%左右,远低于1.50%~3.50%的最佳理论浓度,需额外添加氟化锂。

在调研的16个铝电解生产系列中,氟化镁的含量一般为0.50%~1.00%,无明显区域分布特征;氟化钾在4个相同区域内不同的铝电解系列中均存在分布高低不均现象,调研的中部区域铝电解质体系中氟化钾含量最高,平均达到3.5%左右,西南、西北区域平均为1.50%左右,东北区域最低;由于工业铝电解的各种原料中总是含有钙杂质,因此调研的铝电解质体系中均存在3.00%~6.00%的氟化钙[3]。

从图2.1的平均数据来看,在调研的东北区域的两个铝电解系列中,铝电解质体系中氟化锂、氟化钾均处于低位,主要是这两个铝电解系列均采用进口铝土矿生产的氧化铝,含锂、钾等杂质元素少。

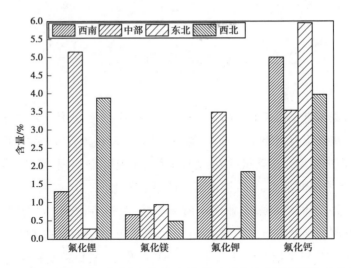

图 2.1　不同区域铝电解系列中氟化锂、氟化镁、氟化钾与氟化钙平均含量(％)

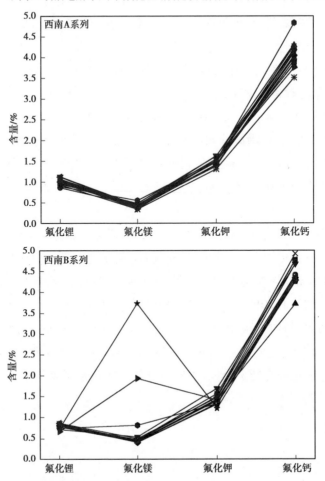

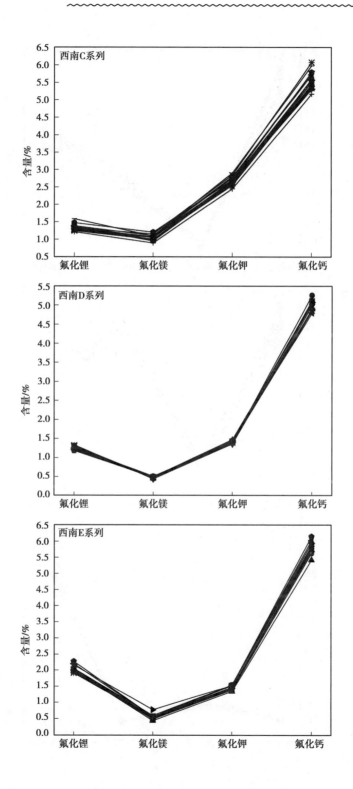

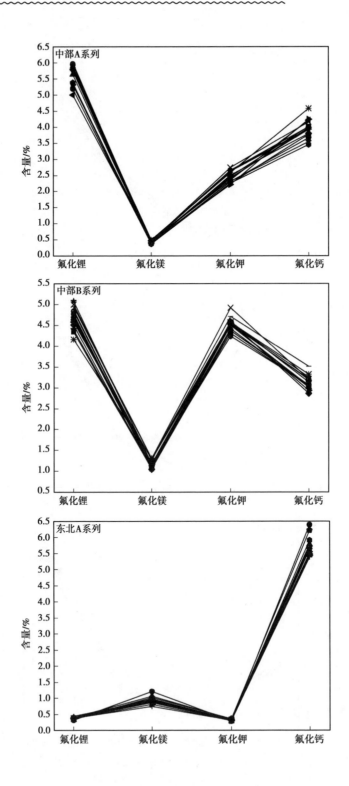

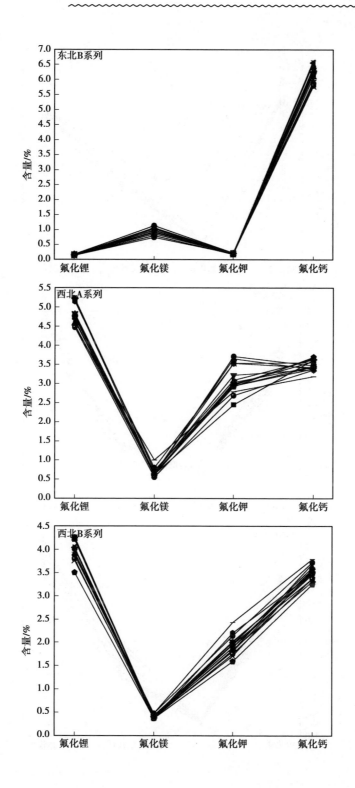

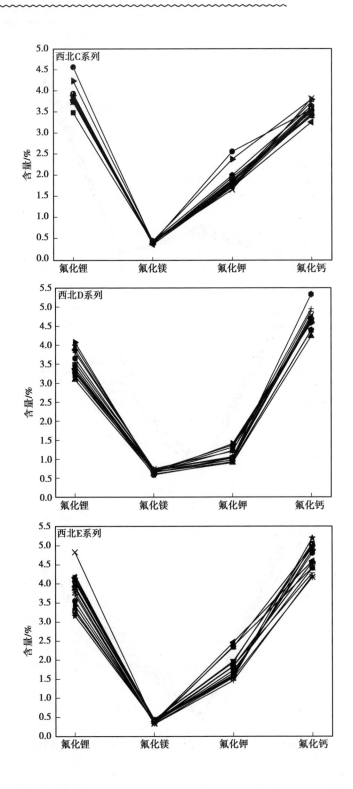

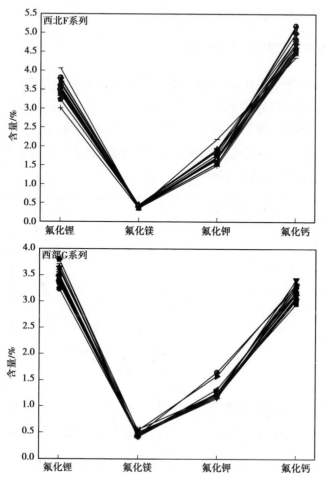

图 2.2　不同区域铝电解系列中氟化锂、氟化镁、氟化钾与氟化钙含量(%)

2.3　复杂铝电解质体系的物相

为进一步了解复杂铝电解质的矿物组成、存在的状态及其相转变温度,本章在西南、东北、中部、西北 4 个典型区域中各选择一个具有代表性的复杂铝电解质体系,进行了差热分析、高温衍射分析实验。

4 个铝电解质样品经差热分析,确定了其相转变温度,再根据各样品的热效应进行不同温度段的高温衍射实验和分析。由于铝电解质样品在 750 ℃温度后就开始熔化,对生产条件下的 960 ℃高温无法进行高温衍射,因此,采用 960 ℃恒温 1 h,

骤冷的实验方法获取样品,再进行衍射分析。

2.3.1 西南某系列铝电解质物相

西南某系列铝电解质样品,差热分析曲线上有两个吸热反应峰,表明在 550 ℃温度段和 700 ℃温度段有相变发生,如图 2.3 所示。经高温衍射分析,在 50 ℃温度段样品中的主要物相为单斜晶系的 Na_3AlF_6,550 ℃时转变为斜方晶系的 Na_3AlF_6,700 ℃时又转变成立方晶系的 Na_3AlF_6,960℃熔融状态下骤冷的试验样品是单斜晶系的 Na_3AlF_6,如图 2.4、表 2.1 所示。

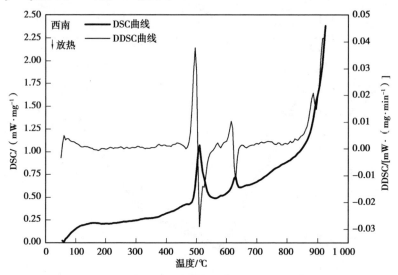

图 2.3 西南某系列铝电解质试样 DSC 热分析曲线

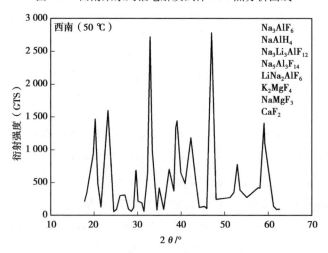

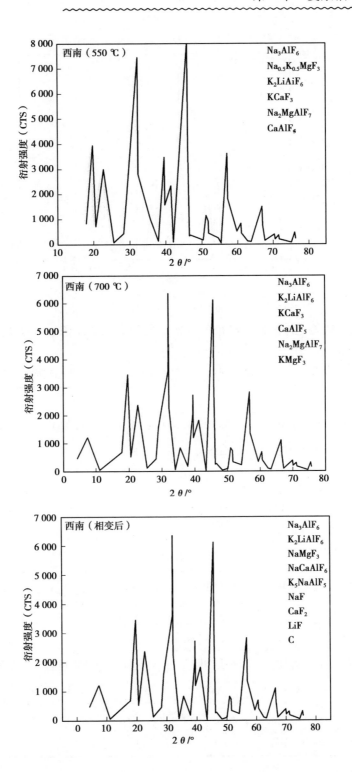

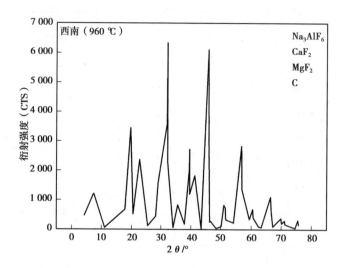

图 2.4　西南某系列铝电解质试样不同温度下的 X 射线衍射图谱

差热分析试验冷却的样品经衍射分析为单斜晶系 Na_3AlF_6，与高温时立方结构不同，表明 Na_3AlF_6 在冷却过程中有可逆反应。

表 2.1　西南某系列铝电解质试样不同温度下的物相组成

50 ℃					
物相	Na_3AlF_6	$NaAlH_4$	$Na_3Li_3Al_2F_{12}$	$Na_5Al_3F_{14}$	$LiNa_2AlF_6$
物相	K_2MgF_4	$NaMgF_3$	CaF_2		
550 ℃					
物相	Na_3AlF_6	$Na_{0.5}K_{0.5}MgF_3$	K_2LiAlF_6	$KCaF_3$	Na_2MgAlF_7
物相	$CaAlF_5$				
700 ℃					
物相	Na_3AlF_6	K_2LiAlF_6	$KCaF_3$	$CaAlF_5$	Na_2MgAlF_7
物相	$KMgF_3$				
相变后					
物相	Na_3AlF_6	K_2LiAlF_6	$NaMgF_3$	$NaCaAlF_6$	K_2NaAlF_6
物相	CaF_2	NaF	LiF	C	
960 ℃					
物相	Na_3AlF_6	CaF_2	MgF_2	C	

2.3.2 东北某系列铝电解质物相

东北某系列铝电解质样品,差热分析曲线上也有两个吸热反应峰,但相变温度偏高,如图 2.5 所示。Na_3AlF_6 仍为主要物相,50 ℃时为单斜晶系,600 ℃时转变为斜方晶系,750 ℃时又转变成立方晶系,960 ℃时转变成单斜晶系,如图 2.6、表 2.2 所示。

差热分析冷却样品 Na_3AlF_6 也为单斜晶系,同样存在可逆反应。

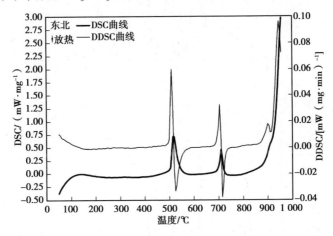

图 2.5 东北某系列铝电解质试样 DSC 热分析曲线

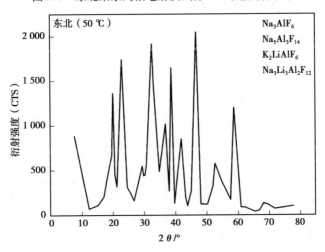

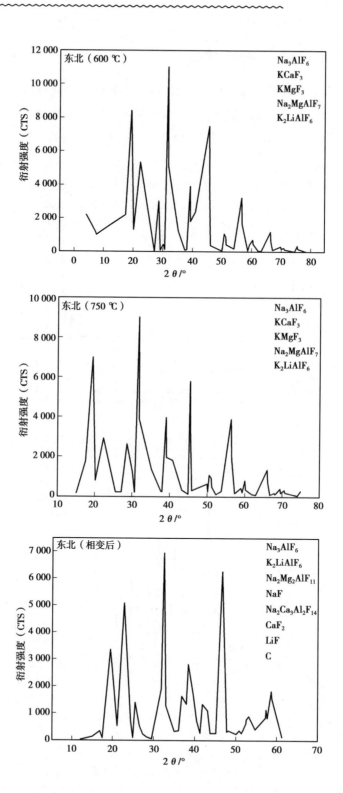

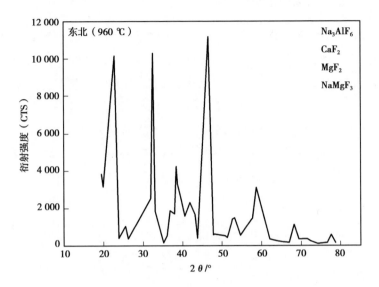

图 2.6　东北某系列铝电解质试样不同温度下的 X 射线衍射图谱

表 2.2　东北某系列铝电解质试样不同温度下的物相组成

50 ℃					
物相	Na_3AlF_6	$Na_2Ca_3Al_2F_{14}$	$Na_5Al_3F_{14}$	K_2LiAlF_6	$Na_3Li_3Al_2F_{12}$
600 ℃					
物相	Na_3AlF_6	$KCaF_3$	$KMgF_3$	Na_2MgAlF_7	K_2LiAlF_6
750 ℃					
物相	Na_3AlF_6	$KCaF_3$	$KMgF_3$	Na_2MgAlF_7	K_2LiAlF_6
相变后					
物相	Na_3AlF_6	K_2LiAlF_6	Na_2MgAlF_7	$Na_2Ca_3Al_2F_{14}$	NaF
物相	CaF_2	LiF	C		
960 ℃					
物相	Na_3AlF_6	CaF_2	MgF_2	$NaMgF_3$	

2.3.3　中部某系列铝电解质物相

中部某系列铝电解质样品,热分析曲线上出现 3 个吸热反应峰,如图 2.7 所示。在 50 ℃温度段主要物相为单斜晶系 Na_3AlF_6,550 ℃温度段转变为斜方晶系,665 ℃时变为立方晶系,750 ℃时也为立方晶系,960 时转变为单斜晶系,如图 2.8、表 2.3 所示。

热分析冷却样品也为单斜晶系 Na_3AlF_6,有可逆转变。

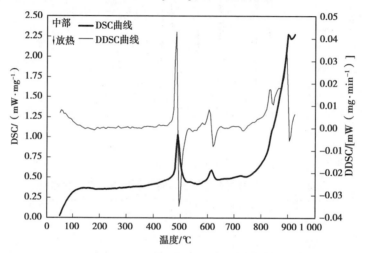

图 2.7　中部某系列铝电解质试样 DSC 热分析曲线

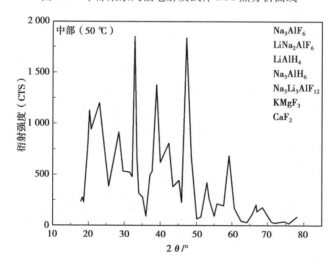

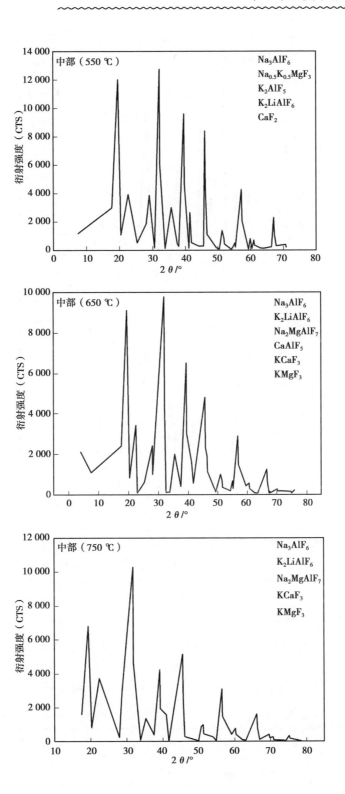

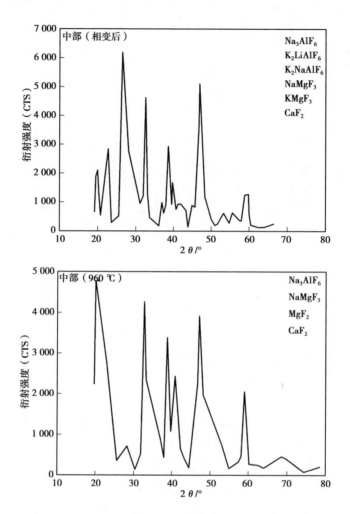

图 2.8　中部某系列铝电解质试样不同温度下的 X 射线衍射图谱

表 2.3　中部某系列铝电解质试样不同温度下的物相组成

50 ℃				
物相	Na_3AlF_6	Na_3AlH_6	CaF_2	$LiNa_2AlF_6$	$LiAlH_4$
物相	$Na_3Li_3Al_2F_{12}$	$KMgF_3$			
550 ℃				
物相	Na_3AlF_6	CaF_2	K_2LiAlF_6	K_2AlF_5	Na_2MgAlF_7
物相	$Na_{0.5}K_{0.5}MgF_3$				

续表

665 ℃				
物相	Na_3AlF_6	$KMgF_3$	$KCaF_3$	K_2LiAlF_6	$CaAlF_5$
物相	Na_2MgAlF_7				

750 ℃				
物相	Na_3AlF_6	$KCaF_3$	$KMgF_3$	Na_2MgAlF_7	K_2LiAlF_6

相变后				
物相	Na_3AlF_6	$NaMgF_3$	$KMgF_3$	K_2NaAlF_6	K_2LiAlF_6
物相	$LiNa_2AlF_6$	CaF_2			

960 ℃			
物相	Na_3AlF_6	$NaMgF_3$	CaF_2	MgF_2

2.3.4　西北某系列铝电解质物相

西北某系列铝电解质样品,热分析曲线上出现 4 个吸热反应峰,其中后 3 个吸热反应峰是连续的,如图 2.9 所示。在 50 ℃ 时 Na_3AlF_6 为单斜晶系,540 ℃ 时为单斜晶系,700 ℃ 时转变成立方晶系,960 ℃ 转变为单斜晶系,如图 2.10、表 2.4 所示。

热分析冷却样品的 Na_3AlF_6 为单斜晶系,存在可逆反应。

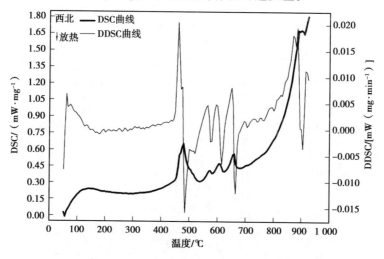

图 2.9　西北某系列铝电解质试样 DSC 热分析曲线

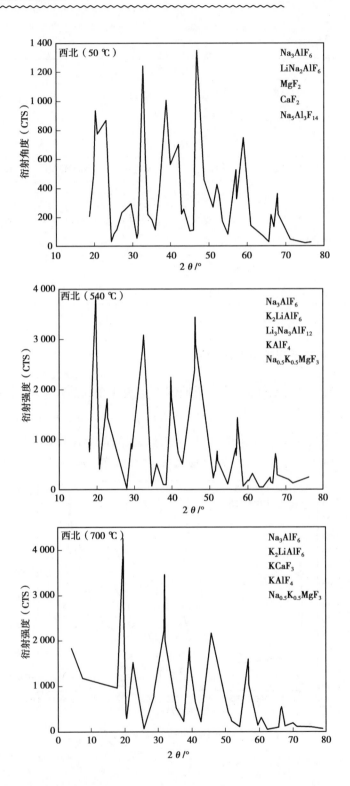

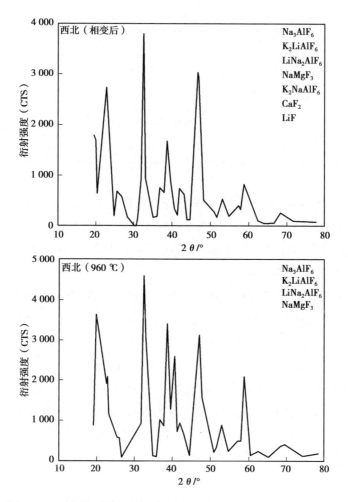

图 2.10　西北某系列铝电解质试样不同温度下的 X 射线衍射图谱

表 2.4　西北某系列铝电解质试样不同温度下的物相组成

	50 ℃				
物相	Na_3AlF_6	$Na_5Al_3F_{14}$	MgF_2	$LiNa_2AlF_6$	CaF_2
	540 ℃				
物相	Na_3AlF_6	K_2LiAlF_6	$Li_3Na_3Al_2F_{12}$	$KAlF_4$	$Na_{0.5}K_{0.5}MgF_3$
	700 ℃				
物相	Na_3AlF_6	$KCaF_3$	K_2LiAlF_6	K_2AlF_5	$Na_{0.5}K_{0.5}MgF_3$

续表

		相变后			
物相	Na_3AlF_6	K_2LiAlF_6	$NaMgF_3$	K_2NaAlF_6	CaF_2
物相	$LiNa_2AlF_6$	LiF			
		960 ℃			
物相	Na_3AlF_6	K_2LiAlF_6	$LiNa_2AlF_6$	$NaMgF_3$	

由以上分析结果可知,铝电解质样品的主要物相为 Na_3AlF_6,有单斜、斜方和立方 3 种晶型,随温度变化而转变,相变反应仅是 Na_3AlF_6 的晶型转变。50 ℃低温时为单斜晶系,550 ℃温度多为斜方晶系,700 ℃左右为立方晶系,960 ℃时转变为单斜晶系,且晶型的转变是可逆的。

由热效应可知,吸热反应较一致的晶型转变趋于一致,吸热反应较多的,晶型转变会有变化。对西南试样和东北试样,Na_3AlF_6 晶型转变过程为:α-单斜(50 ℃)→β-斜方(550 ℃)→立方(700~750 ℃)→α-单斜(960 ℃);对中部试样,Na_3AlF_6 晶型转变为:α-单斜(50 ℃)→β-斜方(550 ℃)→立方(665 ℃)→立方(750 ℃)→α-单斜(960 ℃);西北试样的 Na_3AlF_6 晶型转变为:α-单斜(50 ℃)→β-斜方(540 ℃)→立方(700 ℃)→α-单斜(960 ℃)。Na_3AlF_6 晶型转变不同是由物质组成有差别所致。

960 ℃恒温 1 h 骤冷的单斜晶系 Na_3AlF_6 含量增加,其他物相只有氟化钙和氟化镁,有的样品含少量钠镁氟化物和碳,试验表明在该温度样时物质不呈离子态。

2.4 复杂铝电解质体系的初晶温度

电解温度是铝电解生产过程中重要的工艺参数,电解温度的高低直接影响铝电解生产过程的经济技术指标。研究表明,铝电解过热度(电解温度与初晶温度的差值)每降低 10 ℃,电流效率可提高 1%。目前大多数铝电解槽生产现场控制的核心是温度控制。在一定过热下,铝电解槽的电解温度取决于电解质的初晶温度,准确确定电解质的初晶温度对铝电解生产尤为重要[4]。

2.4.1 铝电解质体系的初晶温度

如上文所述,铝电解质体系的过热度是指铝电解温度与其初晶温度的差值,是决定铝电解槽稳定生产和经济技术指标的关键工艺控制参数之一,最优值一般为 7 ~ 15 ℃[5]。

为研究复杂铝电解质体系过热度,本章选定部分复杂工业铝电解质体系,用自动初晶温度测量系统测定其初晶温度。在实际生产过程中,用热电偶测定其电解温度。通过计算获得部分复杂铝电解质体系的过热度,见表 2.5。

由表 2.5 可知,铝电解质体系的成分对其电解温度、初晶温度影响较大,进而影响其过热度。虽表中所测复杂铝电解体系的过热度平均为 9.00 ℃,在最佳过热度范围之内,但其过热度整体分布不均,差距较大,最低的只有 0.90 ℃,最高的达 35.00 ℃。过低、过高的过热度均会极大地影响铝电解过程的平稳性和经济技术指标。

表 2.5　部分复杂铝电解体系的成分、电解温度、初晶温度与过热度

	NaF/%	AlF$_3$/%	Al$_2$O$_3$/%	CaF$_2$/%	LiF/%	MgF$_2$/%	KF/%	电解温度/℃	初晶温度/℃	过热度/℃
1	51.03	38.75	2.72	4.77	0.83	0.47	1.57	963	962.10	0.90
2	50.09	40.05	2.52	4.41	0.86	0.44	1.44	961	959.40	1.60
3	48.84	40.85	4.43	3.72	0.84	0.43	1.42	946	940.10	5.90
4	50.09	39.26	3.32	4.67	0.72	0.54	1.70	967	946.40	20.60
5	48.17	41.91	2.09	4.34	0.82	0.41	1.34	959	951.70	7.30
6	48.85	39.87	3.36	4.76	0.87	0.50	1.48	960	951.90	8.10
7	49.4	39.26	2.79	4.28	0.67	1.94	1.42	952	950.80	1.20
8	49.08	40.34	3.14	4.28	0.75	0.82	1.33	960	950.10	9.90
9	46.94	40.06	2.11	4.29	0.74	3.73	1.22	971	936.00	35.00
10	47.74	41.63	3.56	4.25	0.78	0.42	1.32	958	947.00	11.00
11	49.96	40.49	2.19	4.39	0.81	0.41	1.32	964	957.30	6.70
12	51.05	39.34	2.06	4.67	0.78	0.43	1.40	965	963.00	2.00
13	49.89	39.65	1.70	4.92	0.85	0.46	1.50	962	956.60	5.40
14	45.81	40.8	2.80	5.69	1.94	0.52	1.47	944	934.80	9.20
15	45.44	40.67	2.69	5.85	2.04	0.54	1.54	944	933.40	10.60
16	47.92	39.96	1.82	5.42	1.98	0.43	1.34	948	938.80	9.20
17	46.01	40.15	2.72	5.81	2.05	0.59	1.53	947	936.10	10.90

续表

	NaF/%	AlF$_3$/%	Al$_2$O$_3$/%	CaF$_2$/%	LiF/%	MgF$_2$/%	KF/%	电解温度/℃	初晶温度/℃	过热度/℃
18	48.66	38.96	1.84	5.69	2.00	0.50	1.44	952	944.90	7.10
19	45.85	40.05	2.55	6.03	2.20	0.55	1.54	942	936.50	5.50
20	45.7	40.07	2.73	5.94	2.16	0.77	1.52	943	933.20	9.80
21	47.98	38.99	1.84	5.95	2.04	0.52	1.54	948	942.30	5.70
22	45.34	41.14	2.71	5.76	2.00	0.50	1.39	942	9310	11.00
23	46.59	39.78	1.72	6.15	2.27	0.55	1.53	948	940.60	7.40
24	46.27	41.13	1.75	5.63	1.95	0.48	1.38	948	936.90	11.10
25	47.28	39.74	2.57	5.75	1.96	0.49	1.46	947	937.10	9.90
26	46.04	40.76	2.30	5.79	1.95	0.49	1.41	945	934.10	10.90
27	45.96	40.68	2.34	5.86	1.91	0.52	1.52	944	934.70	9.30
28	46.86	39.85	2.66	5.73	1.99	0.48	1.42	947	936.20	10.80

2.4.2 氟化锂(钾)对初晶温度的交互影响

众多专家学者对铝电解质体系中氟化铝、氟化镁、氟化钙、氟化锂、氟化钾等添加剂对铝电解质初晶温度的影响作过详尽的研究,但立足工业铝电解质体系,添加剂对铝电解质初晶温度的交互影响作用研究尚未见报道。在我国复杂铝电解质体系中,由于差异性重点体现在氟化锂、氟化钾的含量上,因此,本章重点研究氟化锂、氟化钾对铝电解质初晶温度的交互影响作用。

中国铝业郑州有色金属研究院有限公司的张延利、邱仕麟根据22个铝电解系列约200个铝电解质试样的分析、测试与数据整理、挖掘,推导得出 NaF-AlF$_3$-Al$_2$O$_3$-CaF$_2$-LiF-MgF$_2$-KF 体系铝电解质的初晶温度计算公式:$T_C = 1\,094 - [4.60 \times Al_2O_3 + 7.80 \times LiF + 6.00 \times MgF_2 + 2.40 \times CaF_2 + 3.00 \times KF + 60 \times ABS(3 - CR)] - 30 \times CR$(ABS为绝对值),并采用6家铝电解企业的50台电解槽的铝电解质试样进行准确性校验,其计算值与实测值的偏差基本为±2.50 ℃[4]36。

为进一步校验上述计算公式的准确性,本章采用表2.5中的28组复杂铝电解质体系进行校验,其偏差如图2.11所示。

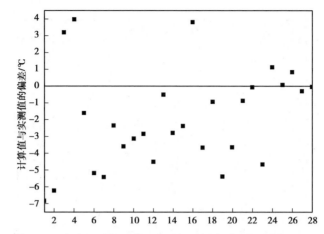

图 2.11　复杂铝电解质体系初晶温度计算值与实测值的偏差

由图 2.11 可知,28 组复杂铝电解质体系初晶温度的计算值与实测值的偏差值最大达到近 7.00 ℃,大部分偏差值在 4.00 ℃以内。结合文献和本章的效验,上述复杂铝电解质体系初晶温度计算公式具有一定的可靠性,可以给工业实践提供一定的借鉴[4]38。本章拟采用此计算公式研究复杂铝电解质体系中氟化锂、氟化钾对初晶温度的交互影响作用。

在实际生产过程中,调节铝电解温度(初晶温度)最常用的手段为调整铝电解质的分子比,本章重点研究在不同分子比条件下,氟化锂、氟化钾对铝电解质体系初晶温度的交互影响作用。

根据实际生产中工艺参数控制情况,在设定 Al_2O_3 浓度为 1.80%、MgF_2 浓度为 1.50%、CaF_2 浓度为 5.00%、分子比为 2.20 ~ 2.70 条件下,研究不同氟化锂、氟化钾浓度对铝电解质体系初晶温度的交互影响作用,如图 2.12 所示。

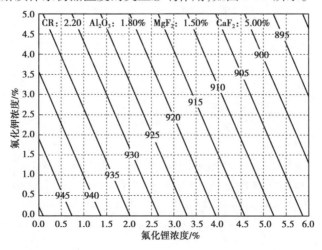

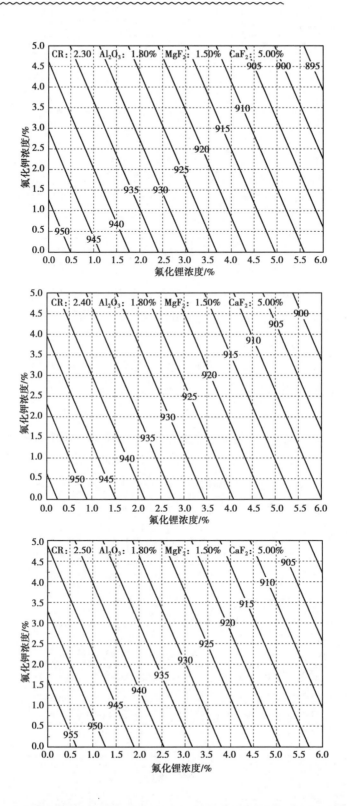

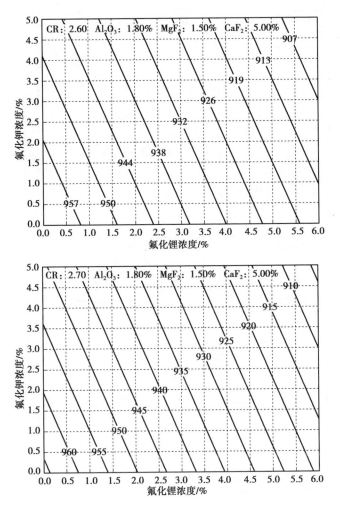

图 2.12　不同分子比条件下氟化锂(钾)对初晶温度的交互影响

2.5　复杂铝电解质体系的元素传递

在复杂铝电解质体系条件下进行铝电解生产,复杂铝电解质体系中添加剂元素,特别是锂、钾元素是否能进入原铝液中发生元素转移,污染原铝质量? 原铝液中锂、钾等微量元素与复杂铝电解质体系中氟化锂、氟化钾的浓度有无对应关系?

本章节抽取了 67 台不同生产企业、不同铝电解系列、不同槽容量的铝电解槽的电解质与原铝液进行锂、钾等元素分析,如图 2.13、图 2.14 所示。

51

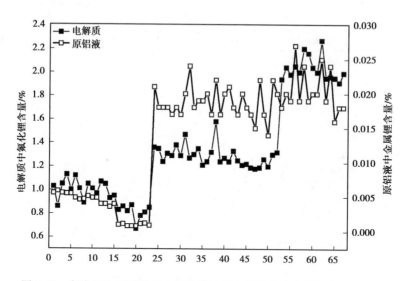

图 2.13　复杂铝电解质体系中氟化锂浓度与原铝液中金属锂含量示意图

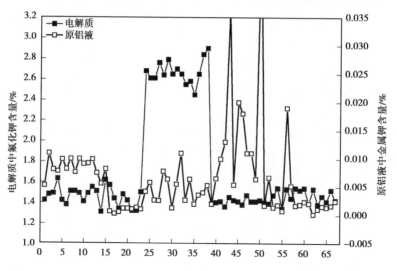

图 2.14　复杂铝电解质体系中氟化钾浓度与原铝液中金属钾含量示意图

由图 2.13 可知,原铝液中金属锂的含量与复杂铝电解质体系中氟化锂浓度具有较高的对应性。原铝液中金属锂的含量随着复杂铝电解质体系中氟化锂浓度的增减而增减,表明复杂铝电解质体系中锂进入了原铝液中,发生了元素转移。由图 2.14 可知,在一定条件下,原铝液中金属钾的含量与复杂铝电解质体系中氟化钾的浓度存在对应性,但其对应性没有原铝液中的金属锂明显,说明在一定条件下也发生了钾元素的转移。在复杂铝电解质条件下,金属锂、钾均可发生元素转移而进入原铝液中,造成原铝液微量元素超标,污染原铝质量,对原铝液的后续加工工艺具有一定的影响。

2.6　小　结

铝电解工业在整个铝工业链中起到承上启下的作用,冰晶石—氧化铝熔盐电解是现代铝电解工业生产原铝的唯一方法,铝电解质是铝电解反应的"血液",是炼铝的核心部分。近年来,我国铝电解企业所使用的原料氧化铝来源复杂,部分国产氧化铝杂质含量多,导致铝电解质体系复杂化。现行铝电解质体系一般分为 6 个类别,其中 5 个归结为复杂铝电解质体系。

本章调研了我国西南、中部、东北、西北 4 个典型铝电解生产区域内 16 个生产系列,重点分析了不同区域复杂铝电解体系中氟化锂、氟化镁、氟化钾及氟化钙等含量的差异性,并在 4 个典型区域中选择一个具有代表性的复杂铝电解质体系,进行了差热分析、高温衍射分析等,研究其相转变温度、不同温度下的物相组成及其晶型。

电解温度直接影响铝电解生产过程的经济技术指标,通过测定部分复杂工业铝电解质体系电解温度、初晶温度,计算出其过热度,并利用经验公式研究在不同分子比条件下,氟化锂、氟化钾对铝电解质体系初晶温度的交互影响作用。

通过对复杂铝电解质与原铝液成分分析研究可知,在复杂铝电解质条件下,金属锂、钾均可发生元素转移而进入原铝液中,造成原铝液微量元素超标,污染原铝质量。

参考文献

[1] 邱竹贤,张明杰,姚广春,等.铝电解中界面现象及界面反应[M].沈阳:东北工学院出版社,1986.

[2] 邱竹贤.工业铝电解质分子比的演变与现状[J].中国有色金属学报,1996(4):13-18.

[3] 冯乃祥.铝电解[M].北京:化学工业出版社,2006.

[4] 张廷利,邱仕麟. NaF-AlF$_3$-Al$_2$O$_3$-CaF$_2$-LiF-MgF$_2$-KF 系工业铝电解质初晶温度的研究[J].轻金属,2019(1):34-39.

[5] 王壮,何飞,李刚,等.过热度对氧化铝溶解行为的影响[J].材料与冶金学报,2020(12):240-246.

第 **3** 章
复杂铝电解质体系的形成机制

由第2章复杂铝电解质体系分析过程中可知,复杂铝电解质体系主要体现在电解质中氟化锂、氟化钾含量的差异性,其中氟化锂的含量具有明显的区域分布特征。在讨论复杂铝电解质体系的形成机制中,计划重点讨论在复杂铝电解质体系中锂盐、钾盐的富集机制。

3.1 锂盐的富集机制

在冰晶石—氧化铝熔盐铝电解工艺中,金属锂盐(氟化锂)作为一种重要的铝电解质体系添加剂,可有效地降低电解质的初晶温度,从而降低电解温度;增加电解质导电率,降低工作电压,大幅度降低电耗;减小铝在电解质中的溶解度,提高电流效率;降低氟化盐及阳极的消耗等优点[1-2]。理论和实践证明,铝电解质体系中含有1.50% ~2.50% 的锂盐(氟化锂)可以保持电解过程的最优状态。在先前的铝电解生产过程中,通过原料氧化铝中金属锂的自然富集作用,铝电解质体系中很难达到氟化锂的最佳含量。为了提高体系导电性能,降低初晶温度,达到提高电流效率、降低电耗的目的,国内外众多铝电解企业都开展过添加金属锂盐的试验,并取得了一定的效果[3-7]。

但近几年来,国内众多铝电解企业随着槽龄的增加,铝电解质体系中锂盐含量大幅提高,绝大部分生产企业氟化锂含量已经超过 3.00%,甚至高达 8.00% ~9.00%(表3.1)。过高的锂盐含量导致电解质体系的初晶温度过低,致使电解槽温

54

度降低,氧化铝溶解能力下降,电解槽炉底沉淀增多,铝电解槽稳定性差,技术条件难以保持,电解工艺操作难度增加,对生产稳定和能源消耗十分不利,直接影响电解槽的电流效率和能耗[8-9]。开展复杂铝电解质体系中锂的富集机制研究,分析其影响因素,阐明其富集机制,并提出相应的解决措施,对改善或消除富锂电解质体系的不利影响具有重要意义。

表 3.1 国内部分铝电解企业电解质中 LiF 的含量(%)

企业	1	2	3	4	5	6	7	8	9
LiF	2.03	5.91	3.51	1.24	5.64	8.01	6.68	1.33	4.82

3.1.1 锂盐存在形式

在铝电解过程中,原料氧化铝中会含有一定的锂盐(氧化锂),见表 3.2。氧化铝通过下料进入电解质体系,与冰晶石反应生成氟化锂,反应如式 3.1 所示。如果生成的锂盐不能通过一定的有效途径消耗掉,则随着槽龄的增加,电解质中的锂盐含量存在一个富集过程,最终导致锂盐含量超标,影响正常电解过程。

表 3.2 国内外不同氧化铝生产企业所生产氧化铝中 Li_2O 的含量(%)

企业	国外	A	B	C	D	E	F	G	H
Li_2O	0.001	0.059	0.085	0.014	0.12	0.091	0.030	0.070	0.043

$$2Li_2O+2Na_3AlF_6=6NaF+6LiF+Al_2O_3 \tag{3.1}$$

3.1.2 富集机制分析

使用同一厂家生产的氧化铝,在先前的铝电解生产中需要添加锂盐,而现在却发生了锂盐的富集作用,其原因是什么? 笔者认为,电解质体系中的锂盐主要来源于氧化铝。氧化铝中的金属锂盐,是导致锂在铝电解质体系中富集的根本原因,也是锂富集的源头。在氧化铝生产过程中,生产工艺、矿源及矿耗不同,以及铝土矿不同程度地含有一定的锂盐,其含量的多少直接影响锂在电解质体系中的富集程度。如果电解质中富集的锂盐在一定的铝电解生产工艺条件下,可以有效地消耗掉,则可避免或减缓金属锂盐的富集作用;如果铝电解生产工艺条件改变,进入电解质中的锂盐无法消耗掉,即可造成锂盐的富集作用。铝电解生产工艺技术条件是影响金属锂盐在铝电解质体系中富集的另一个重要原因。

1）氧化铝生产工艺的影响

氧化铝生产工艺一般可分为拜耳法、烧结法和拜耳—烧结联合法。烧结法能耗高，拜耳法是现阶段氧化铝生产的主要方法，其产量约占全世界氧化铝总产量的95%以上。有研究表明，在拜耳法氧化铝生产工艺中，铝土矿中约有80%金属锂经高压溶出进入铝酸钠溶液中，经晶种分解全部进入结晶氢氧化铝中，在氢氧化铝的高温煅烧过程中，因升华作用损失约25%的金属锂，其余以氧化物的形式富集在氧化铝中；在烧结法氧化铝生产工艺中，铝土矿中经烧结溶出后，只有18%的金属锂进入溶出液中，远远低于拜耳法生产工艺中进入溶出液的量[10]。氧化铝的生产工艺不同，造成氧化铝制品中金属锂盐含量不同，进而导致消耗相同氧化铝而进入电解质体系中的锂盐含量的差异。

2）氧化铝矿源的影响

当前我国氧化铝主要由一水硬铝石型铝土矿所生产，铝、锂共生矿储量甚广，含锂氧化铝是我国独特的自然禀赋，金属锂的含量大部分为0.016% ~ 0.030%，部分铝土矿金属锂的含量高达0.068%[11-12]。依据铝土矿中金属锂的含量不同，我国氧化铝按其产地不同分为高锂盐氧化铝和低锂盐氧化铝。

高锂盐氧化铝一般产自河南、山西等省份，产量占到国内铝矿石生产氧化铝总量的60%以上。该地区铝土矿中的锂杂质含量较多，使用此种铝土矿生产的氧化铝中锂的含量偏高，长期使用这种高锂盐的氧化铝，其铝电解质体系中一般都含有较高浓度的氟化锂。

3）氧化铝矿耗的影响

拜耳法生产工艺中影响矿耗的最主要的原因是铝土矿的铝硅比(A/S)，即铝土矿中氧化铝与氧化硅的质量比。随着铝土矿资源的持续开发，国内部分地区的铝土矿 A/S 逐年下降，如图3.1所示。

依照国家标准，若冶金级商品氧化铝含量按99%计算，赤泥 A/S 按1.30计算，吨氧化铝矿耗与铝土矿铝硅比的关系如图3.2所示。

由图3.2可知，吨氧化铝矿耗随着铝土矿 A/S 的降低而逐渐升高，吨氧化铝所需入磨铝土矿中金属锂的含量也随矿耗的增加而增加，若氧化铝生产工艺条件保持不变，则造成商品氧化铝中金属锂的含量逐年增加。且在同一 A/S 条件下，铝土矿中金属锂的含量越高，则吨氧化铝所需入磨铝土矿中金属锂的含量越高，商品氧化铝中金属锂的含量逐年增加幅度越大。

4）铝电解工艺的影响

近年来，受国内外经济下行和电价上涨等因素的影响，众多铝电解企业都开展了诸如低温、低电压、低氧化铝浓度、低效应系数等一系列的新工艺研究与应用,取得一定的效果,极大地提升了铝电解行业的节能、降耗、减排水平。但一系列新工艺的研究和应用对金属锂在铝电解体系中的富集作用产生了一定的影响。

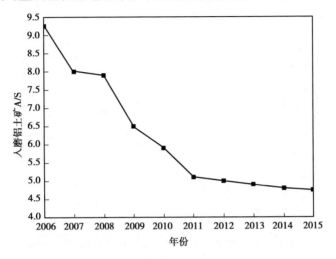

图 3.1　某企业入磨铝土矿铝硅比(A/S)的变化

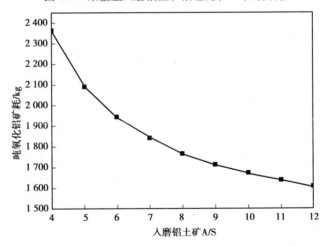

图 3.2　吨氧化铝矿耗与铝土矿铝硅比的关系

(1)电解温度的影响

在铝电解过程中,金属锂主要以氟化锂的形式存在于电解质中,氟化锂的挥发性随着其饱和蒸气压的增加而增加。由式(3.2)可计算出氟化锂的饱和蒸气压与温度的关系[13],如图3.3所示。由图中可知,氟化锂的饱和蒸气压随着温度的增加而增加,其挥发性也随着温度的增加而增加。在低温电解工艺中,随着电解温度的降低,氟化锂的饱和蒸气压下降,其挥发损失减小,造成氟化锂在电解质体系中的富集程度加强。

$$\lg P = AT^{-1} + B \lg T + CT + D \tag{3.2}$$

其中,在 1 143 ~ 1 954 K 温度范围内,$A = -14\ 560$,$B = -4.02$,$C = 0$,$D = 23.56$;P的单位为 mmHg。

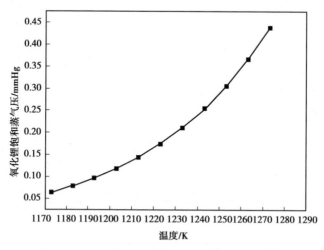

图 3.3 氟化锂饱和蒸气压与温度的关系

(2)工作电压的影响

应用热力学数据可以计算出不同温度下氟化锂和氧化铝的理论分解电压,如图 3.4 所示。氟化锂的分解电压远远高于相同温度下氧化铝的分解电压。在正常生产条件下,一般不会发生氟化锂的分解作用。在局部极端的条件下,若电解电压超过一定温度下的氟化锂分解电压,则会造成其分解反应的发生,减少其在电解质体系中的含量。特别是在发生效应时,槽电压可高达 30 V 左右,远远高于氟化锂的分解电压。从理论上讲,对效应系数高的电解槽会减缓氟化锂在电解质体系中的富集作用;对低效应系数工艺或无效应的电解槽,会减少氟化锂分解反应的发生,造成氟化锂在电解质体系中富集。

(3)电流密度的影响

铝电解槽的电流密度一般可分用阳极电流密度和阴极电流密度来表征,电流密度越大,单位面积、单位时间内的产量越高。中国大型预焙铝电解槽属于低电流密度电解槽,阳极电流密度平均要比国外同类型铝电解槽低 $0.15 \sim 0.25 \ A/cm^2$。若在其他技术经济指标不变的情况下,产量低,成本高。为增加产量,降低成本,国内许多铝电解企业通过增大电流容量(或强化电流)来提高其平均阳极电流密度,几种不同容量铝电解槽的阴阳极电流密度情况如图 3.5 所示。由图中可知,随着铝电解槽电流容量的增加,铝电解槽的阴阳极电流密度逐渐增加,特别近几年大面积推广应用的 400 kA、500 kA 及 600 kA 级大容量铝电解槽,其阴阳极电流密度的增加趋势更大。随着阴阳极电流密度的增大,单位面积、单位时间内的产量越高,消耗的氧化铝量越大,由氧化铝带入的金属锂盐也会相应地提高,若其他条件不发生变化,则会造成金属锂盐的富集加强作用。

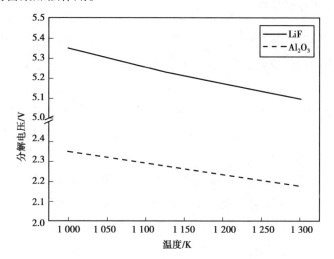

图 3.4　不同温度下氟化锂和氧化铝的分解电压

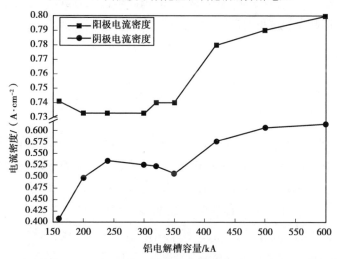

图 3.5　几种不同容量铝电解槽的阴阳极电流密度

5)其他原因的影响

除上述影响原因外,如净化回收、电解质水平、槽寿命、铝液与电解质的界面张力等均会影响金属锂在铝电解质体系中的富集作用。随着环保意识和政策的提高,净化回收率越高,经挥发逸散出的金属锂盐越少,净化后循环进入铝电解质体系中金属锂盐越高;电解质水平越低,同等条件下,金属锂盐的浓度越高;随着铝电解槽寿命的延长,其吸附金属锂盐的能力越来越低,金属锂在电解质体系中的富集作用就会加强。

3.1.3　富集应对措施

由上述分析可知,氧化铝的生产工艺不同,造成氧化铝制品中金属锂盐含量不同,进而导致消耗相同氧化铝而进入电解质体系中的锂盐含量的差异。拜耳法氧化铝生产工艺中金属锂盐的富集程度远远高于烧结法;铝土矿中金属锂盐的含量越高、铝土矿 A/S 越低、矿耗越高,相应商品氧化铝中金属锂盐的含量也高;铝电解温度、电压、电解质水平、效应系数越低,电流密度越高,净化效率越好,槽寿命越长,均会促进金属锂盐的富集作用。

若要规避锂盐的富集,可采用高锂盐氧化铝和低锂盐氧化铝复配使用,尽量减缓金属锂盐的富集过程(我国进口铝土矿生产的氧化铝和进口的氧化铝已占总消耗量的50%以上);使用低锂电解质或面壳材料稀释富锂盐电解质体系;开发拜耳法氧化铝生产工艺中除锂工艺或开发适应富锂电解质体系的电解工艺技术;等等。此外,我国电解质温度普遍较低,在含有一定量的氟化锂的条件下,适当提高一些电解温度和提高电解质水平对抑制锂的富集有利。

3.2　钾盐的富集机制

电解质中的钾离子在阴极表面会生成金属钾,并随着铝电解的进行而渗入电解槽的阴极中,对阴极产生很大的破坏作用,从而降低电解槽的寿命,一般认为铝电解质体系中禁止加入添加剂氟化钾。有研究者认为,氟化钾是铝电解生产所有添加剂中唯一一种能改善氧化铝溶解性能的添加剂,添加氟化钾可以解决低温、低分子比电解质体系中存在的严重的氧化铝在其中溶解速度慢的问题,减少炉底沉淀,改善槽况。铝电解质体系中氟化钾含量在 1.50% ~2.00% 为宜,不超过 3.00%,因为氟化钾含量超过 3.00% 会明显降低电解质熔体—铝液界面张力,且渗透腐蚀阴极的影响显著。

中国铝电解企业所使用的原料氧化铝来源比较复杂,部分国产氧化铝杂质含量多,特别是富含钾元素,造成钾盐在铝电解质体系中大量富集,使铝电解质体系中含有较高浓度的氟化钾,部分铝电解系列铝电解质体系中氟化钾的含量如图 3.6 所示。由图中可知,国内铝电解质体系中钾盐含量分布不均匀,低含量的只有 0.30% 左右,高含量的达 4.50% 左右,50% 左右的生产系列钾盐含量为 1.50% 左右,30% 左右的生产系列钾盐含量为 2.50% 左右。

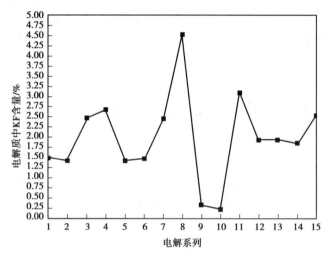

图 3.6　不同铝电解系列中氟化钾的含量(%)

3.2.1　钾盐存在形式

不同铝电解系列铝电解质体系中含有不等量的钾盐,主要来源于生产原料——氧化铝,国内部分氧化铝生产企业所生产氧化铝中氧化钾的含量见表 3.3。氧化铝通过下料进入电解质体系,与冰晶石反应生成氟化钾,反应如式 3.3 所示。所使用原料氧化铝中氧化钾含量不同,导致不同电解系列铝电解质体系中氟化钾含量的差异,如图 3.6 所示。如果生成的钾盐不能通过一定的有效途径消耗掉,则随着槽龄的增加,电解质中的钾盐含量存在一个富集过程,最终导致钾盐含量超标,影响正常的电解过程。

表 3.3　国内部分氧化铝生产企业所生产氧化铝中 K_2O 的含量(%)

企业	A	B	C	D	E	F
K_2O	0.062 7	0.022 9	0.000 1	0.026 5	0.018 1	0.021 7

$$2K_2O+2Na_3AlF_6=6NaF+6KF+Al_2O_3 \qquad (3.3)$$

3.2.2 富集机制分析

钾盐在铝电解质体系中的富集机制与锂盐的富集机制相似。电解质体系中的钾盐主要来源于氧化铝,氧化铝中的金属钾盐,是导致钾在铝电解质体系中富集的根本原因。氧化铝生产过程中铝土矿矿源、矿耗不同,其钾盐含量的多少直接影响钾盐在电解质体系中的富集程度。此外,如果铝电解生产工艺条件改变,进入电解质中的锂盐无法消耗掉,也可造成锂盐的富集作用。

1)氧化铝矿源的影响

氧化铝中氧化钾含量的不同主要是由生产氧化铝采用的铝土矿中氧化钾的含量差异造成的。国内铝土矿主要为一水硬铝石型铝土矿,铝、锂、钾等共生矿储量甚广。国内部分铝土矿中氧化钾的含量见表3.4,由表可知,国内铝土矿中氧化钾的含量差异性较大,直接导致采用此原料生产的氧化铝中氧化钾的含量存在一定差异。

表3.4　国内部分铝土矿 K_2O 的含量(%)

企业	1	2	3	4	5	6	7
K_2O	0.97	1.19	0.66	1.65	2.24	0.34	3.75

2)氧化铝矿耗的影响

随着铝土矿资源的持续开发,国内部分地区的铝土矿 A/S 逐年下降,吨氧化铝矿耗随着铝土矿 A/S 的降低而逐渐升高,吨氧化铝所需入磨铝土矿中氧化钾的含量随矿耗的增加而增加,若氧化铝生产工艺条件保持不变,则造成商品氧化铝中氧化钾的含量逐年增加。

3)电解温度的影响

在铝电解过程中,金属钾主要以氟化钾的形式存在于电解质中,氟化钾的挥发性随着其饱和蒸气压的增加而增加。由式(3.4)可计算出氟化钾的饱和蒸气压与温度的关系[13],如图3.7所示。由图可知,氟化钾的饱和蒸气压随着温度的增加而增加,其挥发性也随着温度的增加而增加。在低温电解工艺中,随着电解温度的降低,氟化钾的饱和蒸气压下降,其挥发损失减小,造成氟化钾在电解质体系中的富集程度加强。

$$\lg P = AT^{-1} + B \lg T + CT + D \qquad (3.4)$$

其中,在 1 131 ~ 1 783 K 内,$A = -11\ 570$,$B = -2.32$,$C = 0$,$D = 16.02$;P 的单位为 mmHg。

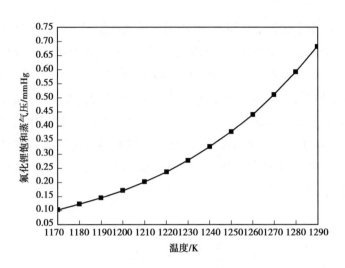

图 3.7　氟化钾饱和蒸气压与温度的关系

4）电解电压的影响

按 K、Ca、Na、Mg、Al、Zn、Fe、Sn、Pb、Cu、Hg、Ag、Pt、Au 的顺序，从左到右，金属的活动性由强到弱，电位由低到高，在 1 000 ℃ 左右，冰晶石—氧化铝熔体中纯钠的析出电位比纯铝的约负 250 mV，纯钾的析出电位比纯钠的更负。氟化钾的分解电压远远高于相同温度下氧化铝的分解电压。在正常生产条件下，一般不会发生氟化钾的分解作用。在局部极端的条件下，若电解电压超过一定温度下的氟化钾分解电压，则会造成其分解反应的发生，减少其在电解质体系中的含量。特别是在发生效应时，槽电压可高达 30 V 左右，远远高于氟化钾的分解电压。从理论上讲，对效应系数高的电解槽会减缓氟化钾在电解质体系中的富集作用；对低效应系数工艺或无效应的电解槽，会减少氟化钾分解反应的发生，造成氟化钾在电解质体系中富集。

5）其他原因的影响

此外，如阴阳极电流密度的增加、净化回收、电解质水平、槽寿命、铝液与电解质的界面张力等均会影响金属钾在铝电解质体系中的富集作用。随着环保意识和政策的提高，净化回收率越高，经挥发逸散出的金属钾盐越少，净化后循环进入铝电解质体系中金属钾盐越多；电解质水平越低，同等条件下，金属钾盐的浓度越高；随着铝电解槽寿命的延长，其吸附金属钾盐的能力越来越低，金属钾在电解质体系中的富集作用就会加强。

3.2.3　富集应对措施

由上述分析可知，如同铝电解质体系中锂盐富集机制，氧化铝的生产工艺不同，造成氧化铝制品中金属钾盐含量不同,进而导致消耗相同氧化铝而进入电解质体系中的钾盐含量的差异。铝土矿中金属钾盐的含量越高、铝土矿 A/S 越低、矿耗越高,相应商品氧化铝中金属钾盐的含量也高;铝电解温度、电压、电解质水平、效应系数越低,电流密度越高,净化效率越好,槽寿命越长,均会促进金属钾盐的富集作用。

其富集应对措施与锂盐富集应对措施相似,可采用高钾盐氧化铝和低钾盐氧化铝复配使用,尽量减缓金属钾盐的富集过程;使用低钾电解质或面壳材料稀释富钾盐电解质体系;开发拜耳法氧化铝生产工艺中除钾工艺或开发适应富钾电解质体系的电解工艺技术;等等。

3.3　小　结

氧化铝的生产工艺不同,造成氧化铝制品中金属锂盐、钾盐含量不同,进而导致消耗相同氧化铝而进入电解质体系中的锂盐、钾盐含量的差异。拜耳法氧化铝生产工艺中金属锂盐、钾盐的富集程度远远高于烧结法;铝土矿中金属锂盐、钾盐的含量越高、铝土矿 A/S 越低、矿耗越高,相应商品氧化铝中金属锂盐、钾盐的含量越高;铝电解温度、电压、电解质水平、效应系数越低,电流密度越高,净化效率越好,槽寿命越长,均会促进金属锂盐、钾盐的富集作用。

采用高锂盐、钾盐氧化铝和低锂盐钾盐氧化铝复配使用,使用低锂、钾电解质或面壳材料稀释富锂、钾盐电解质体系,开发拜耳法氧化铝生产工艺中除锂、钾工艺或开发适应富锂、钾电解质体系的电解工艺技术等,可有效规避锂盐、钾盐的富集作用。

参考文献

[1] 邱竹贤.预焙槽炼铝[M].北京:冶金工业出版社,2004.

[2] 曹大力,邱竹贤,王吉坤.锂盐在铝电解中的作用[J].材料导报,2006,20(8):90-93.

[3] 王平甫,张风云,赵无畏.碳酸锂在铝电解生产中的应用[J].有色金属(冶炼部分),1983(3):27-29.

[4] 冯乃祥,张明杰,邱竹贤.碳酸锂添加剂对铝电解槽碳素阳极过电压的影响[J].

轻金属,1989(7):26-30.

[5] 胡开华,邱竹贤.工业铝电解添加碳酸锂的经验和建议[J].轻金属,1999(2):
38-41.

[6] 李金声.我国铝电解技术的进展[J].有色冶炼,2001(1):4-7.

[7] 丁吉林,田永,杨叶伟.大型铝电解槽添加锂盐工业试验及应用[J].有色金属
(冶炼部分),2006(2):27-29.

[8] 石良生,幸利,田官官.高锂盐含量的电解质对铝电解生产的影响及应对措施
[J].世界有色金属,2015(2):59-60.

[9] 刘炎森,郭超迎,胡冠奇.改善铝电解高锂高钾复杂电解质体系的实践分析[J].
河南科技,2016 (5):139-141.

[10] 李春潮,黄健.锂在氧化铝生产过程中的存在行为[J].轻金属,2005(6):
17-19.

[11] 王鹰.铝电解质中的钾盐和锂盐的分析与研究[J].轻金属,1993(3):30-33.

[12] 温静静,梁涛,卢仁.河南省嵩箕地区铝土矿 Li、Ti、Zr、Ga、NB 和 LREE 的矿化
分析[J].矿产与地质,2016,30(2):216-222.

[13] 沈时英,胡方华.熔盐电化学理论基础[M].北京:中国工业出版社,1965.

第 **4** 章
复杂铝电解质体系中氧化铝的溶解

世界上 90% 以上的氧化铝是供电解炼铝使用的。在冰晶石—氧化铝熔盐电解过程中,作为原料的氧化铝是否具有良好的溶解性能,是实现铝电解高效稳定生产的关键步骤之一,铝电解质熔体中氧化铝浓度的变化直接影响电解槽的工作状态和经济技术指标。一方面,如果氧化铝不能及时溶解或局部氧化铝浓度过高而产生局部沉淀,对电解过程的电流分布会产生严重影响,从而增加电解能耗,降低电流效率;另一方面,如果局部氧化铝浓度过低则会产生阳极效应,电解槽的热平衡受到破坏,槽温急剧上升,炉帮和炉膛发生变化,甚至导致铝电解槽无法正常运行。在铝电解质体系逐渐呈现复杂化的情形下,氧化铝的溶解性能如何、如何提高复杂铝电解质体系中氧化铝的溶解性能迫在眉睫。

4.1 氧化铝的质量要求

冰晶石—氧化铝熔盐电解法生产原铝对氧化铝的质量要求主要有两个方面:氧化铝的纯度和氧化铝的物理性质[1]。

氧化铝的纯度是影响原铝质量的主要元素,还会影响铝电解的经济技术指标。如果氧化铝中含有 Fe、Si、Ti 等比铝更正电性的元素的氧化物,则在电解过程中将首先在阴极析出,降低铝电解的电流效率,降低原铝质量。如果含有 Na、Mg 等碱金属或碱土金属比铝更负电性的元素的氧化物,则会造成氟化铝消耗增加。

66

对氧化铝物理性质的要求为粒度均匀较粗、强度较高、比表面积大、流动性好等方面。

4.2　氧化铝浓度控制原理

现代大型预焙铝电解槽下料控制系统均采用基于槽电阻跟踪的氧化铝浓度控制算法理论,根据槽电阻与氧化铝浓度之间的关系(即 R-C 曲线),通过跟踪氧化铝浓度变化过程中槽电阻的变化来确定氧化铝浓度的变化,采用欠量下料和过量下料周期交替作业过程,以维持电解质中氧化铝浓度在最佳浓度点附近波动。氧化铝浓度控制的优劣会对铝电解生产过程产生一系列的影响,正确表述铝电解过程中槽电阻与氧化铝浓度之间的关联关系,即 R-C 控制曲线的绘制,是保证氧化铝浓度精确、合理控制的理论基础[2-5]。

本节以某 350 kA 系列铝电解槽为例,根据铝电解过程中氧化铝浓度对槽电压的影响关系,通过理论计算,确定铝电解过程中槽电阻与氧化铝浓度之间的关联关系,绘制出铝电解槽的氧化铝浓度控制曲线(R-C 曲线)。

350 kA 系列铝电解槽工艺参数为系列电流 350 kA、阳极 48 组、阳极尺寸 155 cm×66 cm×60 cm、炉膛尺寸 1 732 cm×390 cm×60 cm。

4.2.1　铝电解过程槽电压组成

在冰晶石—氧化铝熔盐电解生产原铝过程中,槽电压主要由阳极电压、分解电压、电解质电压、阳极过电压、阴极电压、阴极过电压、母线电压等部分组成。

4.2.2　氧化铝浓度对槽电压的影响

铝电解槽电压组成中受氧化铝浓度影响较大的主要有分解电压、电解质电压和阳极过电压。

1)氧化铝浓度对分解电压的影响

电解质中氧化铝的分解电压是指氧化铝进行电解并析出原铝产物所需的外加最小电压。高温冰晶石—氧化铝熔体对电极材料有较强的腐蚀性,致使测量数据不稳定、重现性较差。根据铝电解反应过程,氧化铝的理论分解电压可计算为

$$E_{rev} = -\frac{\Delta G^{\varphi}}{6F} - \frac{RT}{6F}\ln\frac{\alpha_{Al}^2 g\alpha_{CO_2}^{1.5}}{\alpha_{Al_2O_3}g\alpha_C^{1.5}} = -\frac{\Delta G^{\varphi}}{6F} + \frac{RT}{6F}\ln\alpha_{Al_2O_3} \qquad (4.1)$$

$$\alpha_{Al_2O_3} = \left[\frac{N_{Al_2O_3}}{N_{Al_2O_3}(饱和)} \right]^{2.77}$$

$$N_{Al_2O_3}(饱和) = 28.335\,13 - 0.087\,18t + 6.990\,41 \times 10^{-5}t^2$$

式中：$N_{Al_2O_3}$(饱和)——Al_2O_3 在电解质中熔体中的饱和浓度，%；

$N_{Al_2O_3}$——Al_2O_3 在电解质中熔体中的浓度，%。

ΔG——$\Delta G_{1\,208K} = 698.386\,7$ kJ/mol，$\Delta G_{=1\,218K} = 695.075\,7$ kJ/mol，$\Delta G_{1\,228K} = 691.764\,7$ kJ/mol。

如图 4.1 所示，铝电解过程中氧化铝的理论分解电压随着氧化铝浓度的增加而降低，并且降低幅度逐渐减缓。同一氧化铝浓度下，随着电解温度升高，理论分解电压降低。电解温度为 935～955 ℃时，每升高 10 ℃，理论分解电压降低 3 mV 左右。

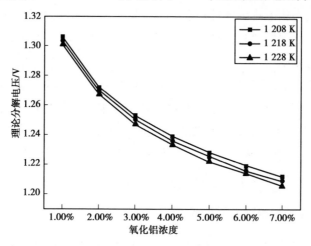

图 4.1　氧化铝理论分解电压与氧化铝浓度的关系曲线

2）氧化铝浓度对电解质电压的影响

工业铝电解槽中由电解质电阻和电解槽的几何尺寸计算出来的电解质电压远低于实际电压，主要原因是电解过程中阳极表面生成 CO_2 气泡。电解质本体电压主要由电解质电压和电解质中阳极气泡电压两个部分组成。

（1）电解质本体电压

由于在铝电解过程中阳极表面电流呈扇形分布，因此在实际计算铝电解槽内的电解质电阻时，需要阳极的有效导电面积、电解质的有效导电面积和阴极铝液的有效导电面积。Haupin 采用扇形参数对上述有效导电面积进行了修正，其计算公式分别为

$$A_{anode} = A_{bath} = (L + 2f)(W + 2f)N_{anode} \qquad (4.2)$$

$$A_{\text{cathode}} = (L + 3f)(W + 3f)N_{\text{anode}} \qquad (4.3)$$

式中：A_{anode}——阳极有效导电面积，cm^2；

$\quad A_{\text{bath}}$——电解质有效导电面积，cm^2；

$\quad A_{\text{cathode}}$——阴极有效导电面积，cm^2；

$\quad L$——新阳极与残极长度的平均值，取值为 150 cm；

$\quad W$——新阳极与残极宽度的平均值，取值为 61 cm；

$\quad d$——极距，取值为 4.5 cm；

$\quad f$——扇形参数，经验值为 $f = 1.27 + 0.6d$；

$\quad N_{\text{anode}}$——阳极组数，取值为 48 组。

则电解质电压为

$$E = IR_{\text{bath}} = \frac{d - \delta}{A_{\text{bath}}\kappa} + \frac{\delta - \delta_b}{A_{\text{bath}}\kappa(1 - \varepsilon)^{1.5}} \qquad (4.4)$$

式中：I——系列电流强度，A；

$\quad \kappa$——电解质电导率，$\Omega^{-1} \cdot \text{cm}^{-1}$；

$\quad \delta$——气泡层总厚度，其值一般为 2.00 cm[6-7]；

$\quad \delta_b$——附着在阳极表面的单层气泡厚度，其值一般为 0.50 cm[8-9]；

$\quad \varepsilon$——电解质中阳极气体分数，其经验值为 $0.02W$，%。

电导率计算公式为

$$\ln \kappa = 1.9105 + 0.1620 \times CR - 17.38 \times 10^{-3} \times w_{\text{Al}_2\text{O}_3} - 3.955 \times 10^{-3} \times w_{\text{CaF}_2} -$$

$$9.227 \times 10^{-3} \times w_{\text{MgF}_2} + 21.55 \times 10^{-3} \times W_{\text{LiF}} - 1.7457 \times 10^3 / T$$

$$(4.5)$$

式中，$w_{\text{LiF}} = 2.50$，$w_{\text{MgF}_2} = 1.50$，$w_{\text{CaF}_2} = 5.00$，%。

当电解质温度为 935 ℃、945 ℃和 955 ℃时，其相应的摩尔分子比分别取 2.45、2.50 和 2.55，其电导率可由式(4.5)计算，电解质本体电压可由式(4.4)计算。

（2）阳极气泡电压

在铝电解过程中，在炭阳极底掌析出 CO_2 气体，形成一定厚度的气泡层。一方面气泡受到浮力作用，由表面溢出；另一方面气泡会扩散到电解质中，造成电解质电压增大。阳极气泡所引起的电解质电压可计算为

$$E = IR_{\text{bubble}} = \frac{\delta_b}{\kappa(1 - 1.26f_c)A_{\text{anode}}} \qquad (4.6)$$

式中：f_c——阳极表面气泡覆盖率，经验值为 $f_c = \dfrac{1}{1 + 0.75w_{\text{Al}_2\text{O}_3}}$。

如图 4.2 所示,铝电解槽电压随着氧化铝浓度增加先急剧降低,当氧化铝浓度增加至 3.00% 左右时,槽电压达到最低点,之后又随着氧化铝浓度的增加而增加。相同氧化铝浓度下,随着电解温度的增加,槽电压呈下降趋势,电解温度每升高 10 ℃,槽电压降低 30 mV 左右。

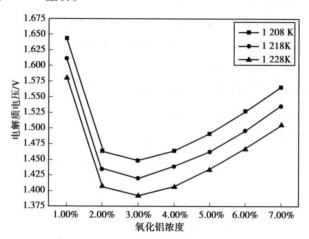

图 4.2　电解质电压与氧化铝浓度的关系曲线

3)氧化铝浓度对阳极过电压的影响

在一定电流密度下,电解电位与平衡电位的差值称为该电流密度下的过电压。在铝电解过程中,阴极过电压比较小,一般为 10 ~ 100 mV,但阳极过电压可高达 400 ~ 600 mV。阳极过电压主要由阳极反应过电压和阳极浓差扩散过电压组成。

(1)阳极反应过电压

在铝电解过程中,C_xO 的生成与分解过程、含氧离子的质点进入炭阳极的空洞、原子态的氧进入炭的晶格以及 CO_2 从炭阳极空洞中扩散出来,均产生阳极反应过电压,其可计算为

$$\eta_{AR} = \frac{RT}{\alpha nF}\ln\frac{i_{anode}}{i_o} \tag{4.7}$$

式中:α——电荷传递系数,介于 0.52 与 0.56 之间;

i_{anode}——阳极电流密度,等于 $\dfrac{I}{A_{anode}}$,A/cm^2;

i_o——交换电流密度,等于 $0.002\,367+0.000\,767w_{Al_2O_3}$,$A/cm^2$。

(2)阳极浓差扩散过电压

在铝电解反应过程中,阳极近液层中氧离子浓度的不断减小与氟化铝浓度的不断增大,以及近液层中存在相当多的不放电离子(AlF_6^{3-}、AlF_4^-、F^- 等)构成的电化学

屏障,形成了阳极扩散过电压,其可计算为

$$\eta_{AD} = \frac{RT}{2F} \ln \frac{i_{cr}}{i_{cr} - i_{anode}} \tag{4.8}$$

式中,i_{cr}——浓度极限电流密度,A/cm²;

$$i_{cr} = [5.5+0.018(T-1\,323)] \times (L \times W)^{-0.1} \times [(w_{Al_2O_3})^{0.5}-0.4]$$

如图 4.3 所示,在 935 ~ 955 ℃电解温度范围内,阳极过电压随着氧化铝浓度的增加而降低。在氧化铝浓度为 1.00% 时,阳极过电压随着电解温度的升高而降低,电解温度每升高 10 ℃,降低 5 mV 左右;但当氧化铝浓度逐渐增加时,阳极过电压逐渐转变为随着电解温度的升高而升高,电解温度每升高 10 ℃,升高 5 mV 左右。主要是因为随着氧化铝浓度的逐渐增大,其对扩散过电压影响的权重逐渐变小。而且,随着氧化铝浓度的增加,在同一氧化铝浓度下,电解温度对阳极扩散过电压的下降值的影响逐渐减小。在氧化铝浓度为 1.00% 时,电解温度每升高 10 ℃,阳极扩散过电压降低 80 mV 左右;而当氧化铝浓度增加到 7.00% 时,电解温度每升高 10 ℃,阳极扩散过电压只降低 6 mV 左右。

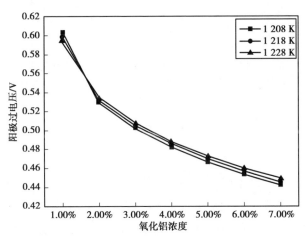

图 4.3　阳极过电压与氧化铝浓度的关系曲线

4.2.3　R-C 控制曲线

根据式(4.9)可以得出铝电解过程中槽电阻与氧化铝浓度之间的关系(即 R-C 曲线),经过拟合后如图 4.4 所示,两者之间存在一种特定的非线性强相关性。

$$R = \frac{E}{I} \tag{4.9}$$

根据槽电阻对氧化铝浓度变化的敏感程度及其与电流效率、阳极效应发生率的特征关系,可以将氧化铝浓度特征电阻曲线分为4个区域:效应区、敏感区、不敏感区和高浓度区。经过大量的实践经验与对氧化铝浓度特征电阻曲线的分析得出:若将氧化铝浓度能稳定地控制在其敏感区范围(1.50%~3.50%),氧化铝浓度变化趋势易于辨识,极大地提高了系统控制的灵敏性和可靠性,而且可获得较高的电流效率。在氧化铝加料过程中采用欠量下料和过量下料周期交替作业过程中,实现氧化铝浓度控制在1.50%~3.50%的生产要求。

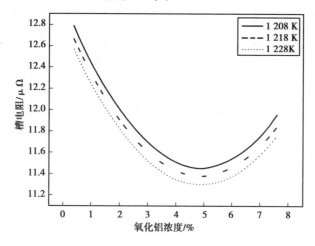

图4.4　槽电阻与氧化铝浓度的关系曲线

4.3　氧化铝浓度控制过程分析

　　铝电解生产实践与理论研究表明,要获得理想的经济技术指标,必须使铝电解槽处于理想的物料平衡与能量平衡状态下稳定运行,减小引起电流效率损失的二次氧化反应。氧化铝的添加是引起物料平衡变化的主要因素,必须使氧化铝浓度维持在一个很窄的范围内,才能避免产生炉底沉淀和发生阳极效应,保证铝电解槽的高效稳定运行[10-12]。

　　现代大型预焙铝电解槽下料控制系统均采用基于槽电阻跟踪的氧化铝浓度控制算法理论,通过跟踪氧化铝浓度变化过程中槽电阻的变化来确定氧化铝浓度的变化,采用欠量下料和过量下料周期交替作业过程,以维持电解质中氧化铝浓度在最佳浓度点附近波动。铝电解槽氧化铝浓度的控制优劣会对电解质的物理化学性质、能量平衡、电化学反应等产生一系列的影响,需要对铝电解槽的氧化铝浓度控制过程机理进行深入的研究分析[3-4][13]。

4.3.1　铝的二次氧化反应

冰晶石—氧化铝熔盐电解是现代铝电解工业生产原铝的唯一方法,热力学和动力学研究以及大量实际测量确认,在铝电解槽正常生产过程中,在所有正常的电流密度下,一次阳极产物为 100% 的 CO_2 气体,其化学反应式为

$$2Al_2O_3+3C=4Al+3CO_2 \tag{4.10}$$

阳极上产生的 CO 气体主要是由铝电解槽阴极上已经电解出的金属铝溶解到电解质中,并被 CO_2 气体氧化所产生的,称为铝的二次氧化反应,其反应式为

$$2Al+3CO_2=Al_2O_3+3CO \tag{4.11}$$

铝的二次氧化反应过程是造成铝电解电流效率降低的主要原因,如果综合电流效率损失为 8.00%,则铝的二次氧化反应损失占到 4.00% ~ 5.00%。铝的二次氧化反应生成的氧化铝会造成电解质中氧化铝浓度的波动[14]。

4.3.2　氧化铝浓度控制机理分析

目前,氧化铝浓度的目标控制范围一般为 1.50% ~ 3.50%,允许的浓度变化范围达到 2.00%,但不能按照 2.00% 的变化范围来推算欠量或过量状态的持续时间,因为控制系统无法保证欠量下料与过量下料状态切换时的氧化铝浓度能够正好处于目标控制范围的端点值附近。从理论上来设计欠量或过量下料状态中氧化铝浓度的变化范围时,应该按照不大于 1.00% 来考虑(为不可预见的浓度变化留有足够的余地),这样才有可能保证电解槽在绝大部分时间内的氧化铝浓度处于目标控制范围。

本章以某 420 kA 系列铝电解槽为范例研究氧化铝浓度控制机理,其相关工艺技术参数见表 4.1。

表 4.1　某 420 kA 系列铝电解槽相关工艺技术参数

参数	数值	参数	数值
系列电流/kA	420	阳极数量/块	48
炉膛尺寸/cm	1760×414×55	电解质水平/cm	20
阳极尺寸/cm	170×66×63.5	极距/cm	5

1)氧化铝的消耗速率

在正常铝电解条件下,铝的二次氧化反应是造成电流效率降低的主要原因,但

当铝电解槽漏电、局部极间短路、其他离子(钠离子等)放电等发生时,此部分电流不对铝电解反应发生作用,但会造成电流效率的降低。如果综合电流效率损失为8.00%,此部分造成的电流损失占到3.00%~4.00%,可见系列电流对铝电解反应实际有效电流利用率 η' 为96%~97%,则氧化铝的反应消耗速率(kg/min)为

$$M = \frac{1\,889 \times 0.335\,6 \times I \times \eta'}{1\,000 \times 1\,000 \times 60} \tag{4.12}$$

式中:1 899——吨铝氧化铝反应消耗量,kg/T-Al;

  0.335 6——铝的电化学当量,g/(A·h);

  I——系列电流,A。

420 kA 铝电解槽实际有效电流利用率 η' 如果按97%计算,则其氧化铝的反应消耗速率为

$$M = \frac{1\,889 \times 0.335\,6 \times 420\,000 \times 97\%}{1\,000 \times 1\,000 \times 60} = 4.305 \text{ kg/min} \tag{4.13}$$

2)过量下料过程分析

氧化铝浓度变化范围设定为 $y\%$,二次氧化反应率平均按 $x\%$ 计算。假定电解质中氧化铝的浓度恰好为最低浓度点时,下料系统恰好开始过量下料状态,其过量百分数为 $m\%$,则氧化铝质量增加速率(kg/min)为

$$M' = M \times (m\% + x\%) \tag{4.14}$$

过量下料持续时间(min)为

$$t = \frac{电解质量 \times y\%}{M \times (m\% + x\%)} \tag{4.15}$$

420 kA 铝电解槽电解质量约为

$$2.1 \times (1\,760 \times 414 \times 20 - 170 \times 66 \times 15 \times 48) \approx 14\,000 \text{ kg} \tag{4.16}$$

式中:2.1——电解密度,g/cm³。

当下料过量百分数为25%时,过量下料持续时间与二次反应率、氧化铝浓度变化范围的关系曲线如图4.5所示。由图可知,在相同氧化铝浓度变化范围下,氧化铝过量下料持续时间随着二次反应率的增大而减小,即随着电流效率的减小而减小,主要是因为铝的二次氧化反应生成的氧化铝量随着二次反应的增大而增大。由于每次下料量相等,因此电解质中氧化铝浓度增加速度随着二次反应率的增大而增大,在同一氧化铝浓度变化范围下,所需时间随着二次反应率的增大而减小;在相同二次反应率下,氧化铝过量下料持续时间随着氧化铝浓度变化范围的增大而增大,主要是因为每次下料量和二次氧化反应生成的氧化铝量均相等,那么电解质中氧化

铝浓度增加速度相等,设定氧化铝浓度变化范围大,所需增加的氧化铝量绝对值大,则所需下料持续时间就长。

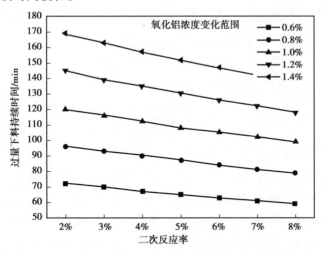

图 4.5　过量下料持续时间与二次反应率的关系

当氧化铝浓度变化范围设定为 1.00% 时,过量下料持续时间与下料过量百分数、二次反应率的关系曲线如图 4.6 所示。由图可知,在相同二次反应率下,过量下料持续时间随着下料过量百分数增大而减小,主要是因为由二次氧化反应生成的氧化铝量相等,那么在相同氧化铝浓度变化范围内,下料过量百分数大,过量下料持续时间短;在相同下料过量百分数条件下,氧化铝过量下料持续时间随着二次反应率的增大而减小,主要是因为下料过量百分数相等,由二次氧化反应生成的氧化铝量大,那么在相同氧化铝浓度变化范围内,过量下料持续时间短。

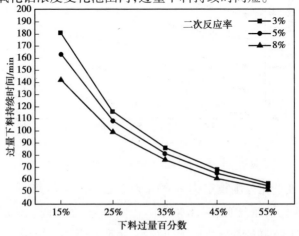

图 4.6　过量下料持续时间与下料过量百分数的关系

3)欠量下料过程分析

氧化铝浓度变化范围设定与二次氧化反应率过量下料过程相同。假定电解质中氧化铝的浓度恰好为最高浓度点时,下料系统恰好开始欠量下料状态,其欠量百分数为 $m'\%$,则氧化铝质量减小速率(Kg/min)为

$$M'' = M \times (m'\% - x\%) \tag{4.17}$$

欠量下料持续时间(min)为

$$t' = \frac{\text{电解质量} \times y\%}{M \times (m'\% - x\%)} \tag{4.18}$$

当下料欠量百分数为25%时,欠量下料持续时间与二次反应率、氧化铝浓度变化范围的关系曲线如图4.7所示。由图可知,在相同氧化铝浓度变化范围下,氧化铝欠量下料持续时间随着二次反应率的增大而增大,即随着电流效率的增大而增大,主要是因为电解质中氧化铝浓度减小速度随着二次反应率的增大而减小,在同一氧化铝浓度变化范围下,所需时间则随着二次反应率的增大而增大;在相同二次反应率下,氧化铝欠量下料持续时间随着氧化铝浓度变化范围的增大而增大,主要是因为每次下料量和二次氧化反应生成的氧化铝量均相等,那么电解质中氧化铝浓度减小速度相等,设定氧化铝浓度变化范围大,所需减小的氧化铝量绝对值大,则所需下料持续时间就长。

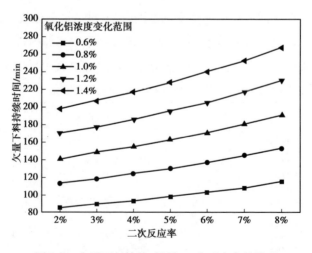

图4.7 欠量下料持续时间与二次反应率的关系

当氧化铝浓度变化范围设定为1.00%时,欠量下料持续时间与下料欠量百分数、二次反应率的关系曲线如图4.8所示。由图可知,在相同二次反应率下,欠量下料持续时间随着下料欠量百分数增大而减小,主要是因为二次氧化反应生成的氧化

铝量相等,那么在相同氧化铝浓度变化范围内,下料欠量百分数大,欠量下料持续时间短;在相同下料欠量百分数条件下,氧化铝欠量下料持续时间随着二次反应率的增大而增大,主要是因为下料欠量百分数相等,由二次氧化反应生成的氧化铝量大,那么在相同氧化铝浓度变化范围内,欠量下料持续时间长。

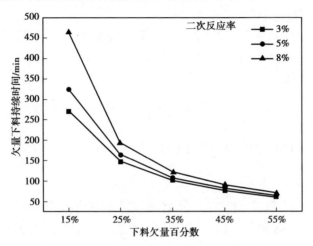

图 4.8　欠量下料持续时间与下料欠量百分数的关系

由图 4.6—图 4.8 可知,在相同氧化铝浓度变化范围及下料过(欠)百分数条件下,欠量下料持续时间大于过量下料持续时间,主要是因为铝的二次氧化反应对过量下料过程起正向作用,有助于氧化铝浓度的增加,持续时间短;而对欠量下料过程起反向作用,不利于氧化铝浓度的减小,持续时间长。

4)下料过程对槽电压、电解质温度的影响

铝电解槽保持正常的能量平衡十分重要,其能量来源于强大直流电的输入,能量消耗主要由电解反应所需能耗、反应物料从常温加热到电解反应温度所需能耗、补偿电解槽的热损失和电路中电能损失几部分组成。槽电压过高,输入能量过多,电解温度升高,电流效率会降低;槽电压过低,输入能量不足,造成沉淀,同样会使电流效率降低[15]。

在铝电解槽欠量下料周期作业过程中,氧化铝下料量小于氧化铝消耗量的 $m'\%$,其用于氧化铝从常温加热到电解反应温度所需的能量消耗将减少 $m'\%$,在此过程中,如果槽电压不作合理调整,能量的输入大于能量消耗,此结余能量如果全部用于加热电解质,将造成电解温度的升高;在铝电解槽过量下料周期作业过程中,氧化铝下料量增大,将造成铝电解槽电解温度的降低。在铝电解槽过(欠)量下料过程中必须合理调整槽电压,才能保证铝电解槽的能量平衡。在铝电解槽过(欠)量下料周期交替作业过程中,电压变化量(V)可分别近似推导出以下公式:

$$\Delta E = \frac{Q_{\mathrm{Al_2O_3}} \times 1\,000 \times 1\,930 \times 0.335\,6 \times I \times \eta' \times m\%}{102 \times 60 \times I \times 1\,000 \times 60} \tag{4.19}$$

$$\Delta E' = \frac{Q_{\mathrm{Al_2O_3}} \times 1\,000 \times 1\,930 \times 0.335\,6 \times I \times \eta' \times m'\%}{102 \times 60 \times I \times 1\,000 \times 60} \tag{4.20}$$

式中:102——氧化铝的摩尔质量,g/mol;

$Q_{\mathrm{Al_2O_3}}$——氧化铝从 25 ℃加热到 950 ℃所需能量,kJ/mol,其计算公式为

$$\begin{aligned} Q_{\mathrm{Al_2O_3}} &= \int_{298}^{1\,223} C_{\mathrm{P}} \mathrm{d}T \\ &= \int_{298}^{1\,223} (114.77 + 12.8 \times 10^{-3}T - 35.443 \times 10^{5}T^{-2})\mathrm{d}T \\ &= \left| 114.77T + 6.4 \times 10^{-3}T^2 + 35.443 \times 10^{5}T^{-1} \right|_{298}^{1\,223} \\ &= 106.17 \end{aligned} \tag{4.21}$$

电压变化量与下料过(欠)量百分数、电流有效利用率的曲线关系如图 4.9 所示。从图中可知,电解槽欠(过)量下料周期交替作业过程中,在相同下料过(欠)量百分数下,电流有效利用率对槽电压的变化影响不大;而在同一电流有效利用率条件下,槽电压随着下料过(欠)量百分数的增大而急剧增大,当下料过(欠)量百分数为 55% 时,电压变化达到 0.10 V 左右。

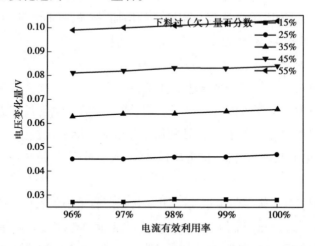

图 4.9　电压变化量与下料过(欠)量百分数、电流有效利用率的曲线关系

铝电解槽过(欠)量下料过程中,电解质温度(℃)理论平均变化量可分别近似推导出以下公式:

78

$$T = \frac{\Delta E \times I \times t \times 60 \times 210}{C_p \times 14\,000 \times 1\,000} \quad (4.22)$$

$$T' = \frac{\Delta E' \times I \times t' \times 60 \times 210}{C_p \times 14\,000 \times 1\,000} \quad (4.23)$$

式中：210——冰晶石电解质的摩尔质量，g/mol；

　　　C_p——冰晶石电解质的恒压热熔，396.225 J/(K·mol)。

过量下料过程中，电解质温度理论平均减小值与下料欠量百分数、二次反应率的关系曲线如图4.10所示；欠量下料过程中，电解质温度理论平均增加量与下料欠量百分数、二次反应率的关系曲线如图4.11所示。由图4.10可知，在相同二次反应率下，电解质温度减小量随着下料过量百分数的增加而增加；在相同下料过量百分数下，电解质温度减小量随着二次反应率的增加而降低；由图4.11可知，在相同二次反应率下，电解质温度增大量随着下料欠量百分数的增加而降低；在相同下料欠量百分数下，电解质温度增大量随着二次反应率的增加而增加。由图4.9可知，在相同下料过（欠）量百分数下，槽电压基本不变，电流为恒流源，主要体现在时间效应上，是由在不同条件下的下料持续时间不同而造成的。

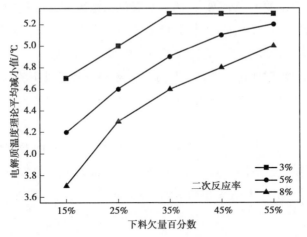

图4.10　电解质温度理论平均减小值与下料欠量百分数、二次反应率的曲线关系

4.3.3　氧化铝浓度控制规律

通过上述分析可知，在一定下料过量百分数条件下，在相同氧化铝浓度变化范围下，过量下料持续时间随着二次反应率的增大而减小，在相同二次反应率下，过量下料持续时间随着氧化铝浓度变化范围的增大而增大；在一定氧化铝浓度变化范围时，在相同二次反应率下，过量下料持续时间随着下料过量百分数增大而减小，在相

同下料过量百分数条件下,过量下料持续时间随着二次反应率的增大而减小。

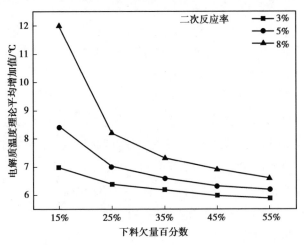

图4.11　电解质温度理论平均增加值(℃)与下料欠量百分数、二次反应率的曲线关系

在一定下料过量百分数条件下,在相同氧化铝浓度变化范围下,欠量下料持续时间随着二次反应率的增大而增大,在相同二次反应率下,欠量下料持续时间随着氧化铝浓度变化范围的增大而增大;在一定氧化铝浓度变化范围时,在相同二次反应率下,欠量下料持续时间随着下料欠量百分数增大而减小;在相同下料欠量百分数条件下,欠量下料持续时间随着二次反应率的增大而增大。

在相同氧化铝浓度变化范围及下料过(欠)量百分数条件下,欠量下料持续时间大于过量下料持续时间;槽电压随着下料过(欠)量百分数的增大而增大,而电流有效利用率对槽电压的变化影响不大。

在相同二次反应率下,电解质温度随着下料过量百分数的增加而增加,电解质温度随着下料欠量百分数的增加而降低;在相同下料过量百分数下,电解质温度随着二次反应率的增加而增加;在相同下料欠量百分数下,电解质温度随着二次反应率的增加而增加。

4.4　复杂铝电解质体系中氧化铝溶解性能的影响

复杂铝电解质体系主要体现在电解质中氟化锂、氟化钾含量的差异性。本节重点讨论在复杂铝电解质体系中锂盐、钾盐及电解温度对氧化铝溶解性能的影响。

　　众多专家学者对氟化锂、氟化钾、氟化镁等添加剂影响氧化铝的溶解性能开展过研究。研究结果表明,氟化锂、氟化钾、氟化镁均可使氧化铝的溶解性能降低,特别是氟化锂,氧化铝溶解度随 LiF 含量的增加而下降,每添加 1.00% 的 LiF,氧化铝溶解度降低 0.40% 左右[16-18]。

　　上述研究大部分是立足于实验条件下或简单电解质体系中,仅开展了氟化锂、氟化钾、氟化镁等添加剂单因素对氧化铝溶解性能的影响分析。但在铝电解实际生产过程中,氧化铝在铝电解质体系中是个加料、溶解、反应的动态过程,氧化铝的浓度受到加料、溶解、反应等多方面因素的影响,在静态实验环境下很难实现,实验室所测试的一些结果数据,不能很好地反映生产实际,立足于实际生产情况下的复杂铝电解质体系中锂盐对氧化铝的溶解性能的研究不多。本节拟立足实际生产数据,在大量的生产控制数据中,解析氟化锂、氟化钾及电解温度在复杂铝电解质体系中对氧化铝的溶解性能的影响,阐明其作用机理,为复杂铝电解质体系中氧化铝浓度控制提供理论支持。

4.4.1　锂盐对氧化铝溶解性能的影响

　　本节随机选取了 12 个铝电解生产系列,系列电流为现行的主力槽型 350 kA、400 kA 和 420 kA,其电解质体系均为复杂铝电解质体系,氟化锂对氧化铝浓度、电流效率的影响关系如图 4.12、图 4.13 所示。

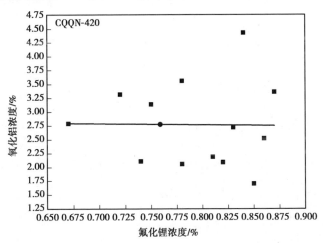

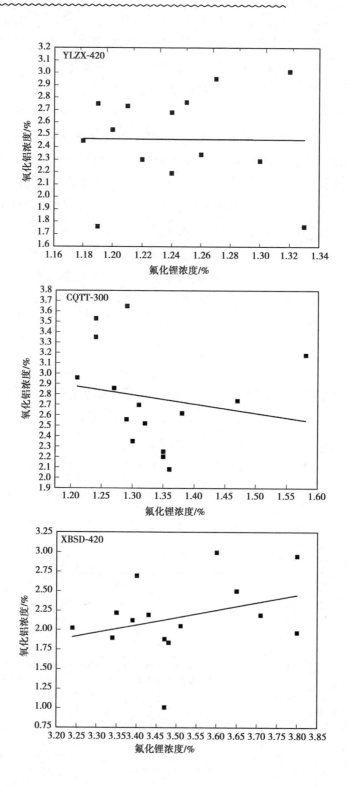

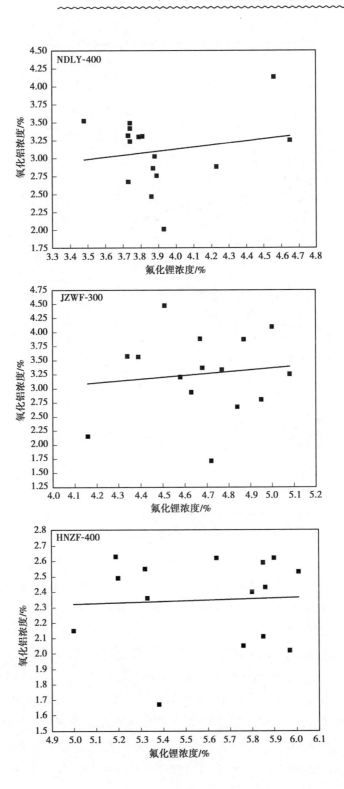

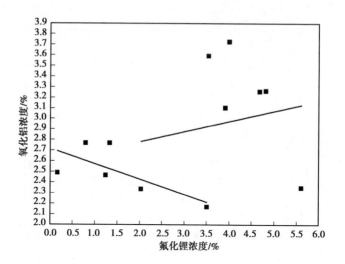

图4.12 复杂铝电解质体系中氟化锂对氧化铝浓度的影响

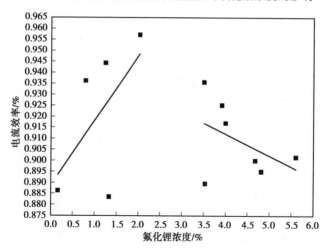

图4.13 复杂铝电解质体系中氟化锂对电流效率的影响

由图4.12可知,在低氟化锂浓度(<3.00%)下,复杂铝电解质体系下,氧化铝的浓度随着氟化锂浓度的增加而降低;在高氟化锂浓度(>3.00%)下,氧化铝的浓度随着氟化锂浓度的增加而增加。由图4.13可知,在低氟化锂浓度(<3.00%)下,电解效率随着氟化锂浓度的增加而增加;在高氟化锂浓度(>3.00%)下,电流效率随着氟化锂浓度的增加而降低。主要是因为在低氟化锂浓度(<3.00%)下,氟化锂可以有效地提高铝电解质的电导率,提升铝电解过程的反应性能,提高电流效率。铝电解质体系中含有1.50%~2.50%的氟化锂可以保持电解过程的最优状态。在高氟化铝浓度(>3.00%)下,铝电解质的初晶温度大幅下降,导致铝电解过程反应性能降低,电流效率降低,在相同下料浓度控制下,铝电解质体系中的氧化铝浓度逐渐升高。

4.4.2　钾盐对氧化铝溶解性能的影响

如氟化锂分析所述,本节随机选取了 12 个铝电解生产系列,系列电流为现行的主力槽型 350 kA、400 kA 和 420 kA,其电解质体系均为复杂铝电解质体系,氟化钾对氧化铝浓度、电流效率的影响关系如图 4.14、图 4.15 所示。

由图 4.14 可知,复杂铝电解质体系下,氧化铝的浓度随着氟化钾浓度的增加而增加。由图 4.15 可知,电解效率随着氟化锂浓度的增加而增加降低。主要是因为氟化钾的加入会降低铝电解质体系的导电性能,进而影响反应性能,降低电流效率。此外,钾离子可以在阴极放电,也可降低电流效率。在相同下料浓度控制下,铝电解质体系中的氧化铝浓度逐渐升高。

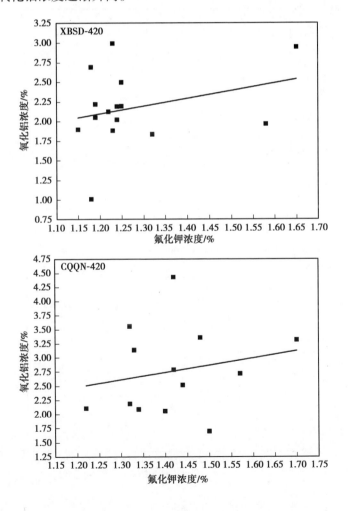

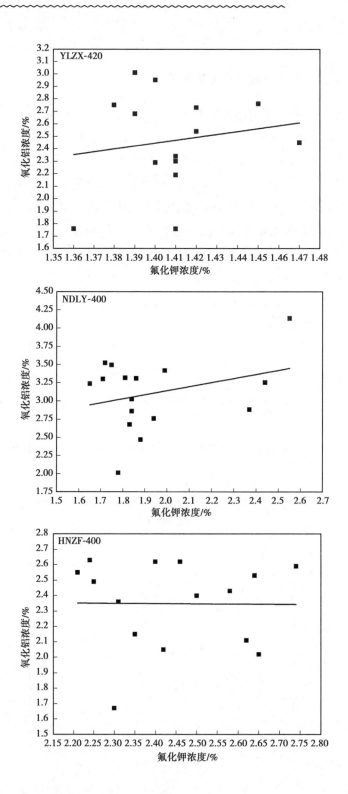

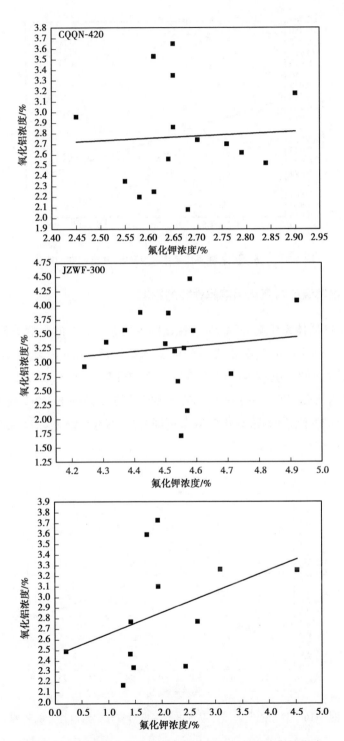

图 4.14　复杂铝电解质体系中氟化钾对氧化铝浓度的影响

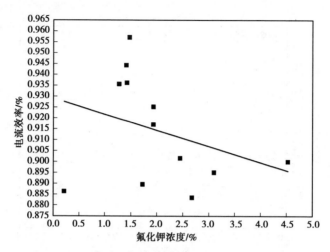

图 4.15　复杂铝电解质体系中氟化钾对电流效率的影响

4.4.3　电解温度对氧化铝溶解性能的影响

复杂铝电解质体系中电解温度对氧化铝浓度、电流效率的影响关系如图 4.16、图 4.17 所示。从图中可知,在正常生产温度(925 ~ 960 ℃)下,氧化铝浓度随着电解温度的升高而降低,电流效率随着电解温度的升高而升高,在 945 ~ 950 ℃ 范围内,电流效率达到最大值。主要是因为在正常生产温度条件下,随着温度的升高,铝电解过程的反应性能逐渐提高,电流效率逐渐升高,在相同下料浓度控制下,铝电解质体系中的氧化铝浓度逐渐降低。

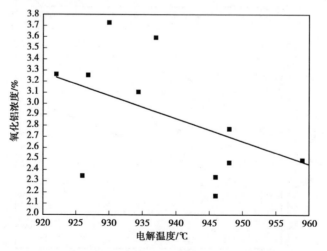

图 4.16　复杂铝电解质体系中电解温度对氧化铝溶解性能的影响

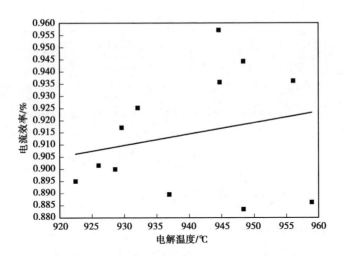

图 4.17　复杂铝电解质体系中电解温度对电流效率的影响

4.5　复杂铝电解质体系中氧化铝浓度时空分布

现代大型预焙阳极铝电解生产过程中,氧化铝一般按一定的时间间隔,以点式下料方式加入铝电解质熔体中。氧化铝的溶解、扩散与输运过程十分复杂,是一个流动、传热传质及化学反应同时进行的过程。随着电解槽向大型化、集约化发展,铝电解质体系的复杂化,实现氧化铝浓度的精确最佳控制是实现铝电解高效平稳运行生产的基础。分析研究氧化铝在大型预焙铝电解槽不同区域、不同时间内的浓度分布情况,阐明其分布影响机理,是实现氧化铝浓度精确最佳控制的基础。本节以 400 kA 系列铝电解槽为例研究复杂铝电解质体系下氧化铝浓度分布情况,进一步阐明复杂铝电解质体系中氧化铝的溶解机理。

通过对试验槽不同时间节点下、典型区域氧化铝取样分析,研究氧化铝在大型预焙铝电解槽不同区域、不同时间内的浓度分布规律。分别选取进电侧(A 侧) A04、A08、A16、A20 阳极处、出电侧(B 侧) B04、B08、B16、B20 阳极处及出铝端(TE)、烟道端(DE)共计 10 个点为采样点(图 4.18),10 个采样点每间隔 10 min 同时取样 1 次,连续取样 48 次,所取试样均采用 X 射线荧光光谱法测定其氧化铝浓度,阐明 400 kA 系列大型预焙铝电解槽区域氧化铝浓度的分布规律。试验槽在测试取样期间除进行中间点式下料外,无发生出铝、换极等其他操作,也无发生阳极效应等其他状况。

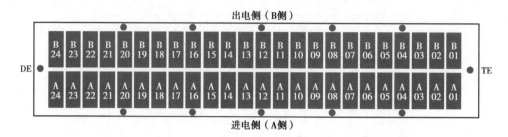

图 4.18　400 kA 系列试验铝电解槽氧化铝浓度采样点分布图

4.5.1　区域氧化铝浓度空间分布规律

1）A、B 侧氧化铝浓度分布规律

图 4.19、图 4.20 分别为试验槽进电侧（A 侧）和出电侧（B 侧）氧化铝浓度分布示意图,由图 4.19、图 4.20 可知,进电侧（A 侧）和出电侧（B 侧）不同区域的氧化铝浓度在不同的时间点均发生较大的波动,氧化铝浓度稳定性较差,其中进电侧（A 侧）A04、A20 和出电侧（B 侧）B04、B20 四个区域位置的氧化铝浓度在不同时间点的波动最大,稳定性最差,即越靠近出铝端（TE）和烟道端（DE）两端头位置处的氧化铝浓度的波动性越大,氧化铝浓度稳定性越差,造成铝电解槽内氧化铝浓度空间分布不均匀;进电侧（A 侧）和出电侧（B 侧）氧化铝浓度均从出铝端（TE）到烟道端（DE）出现先减少后增加的趋势,在进电侧（A 侧）A04、A20 和出电侧（B 侧）B04、B20 阳极处氧化铝浓度出现最大值,而在铝电解槽中间位置的 A12 和 B12 阳极处氧化铝浓度出现最小值,整体呈对称性分布。

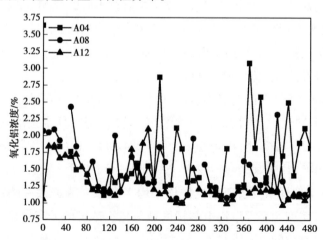

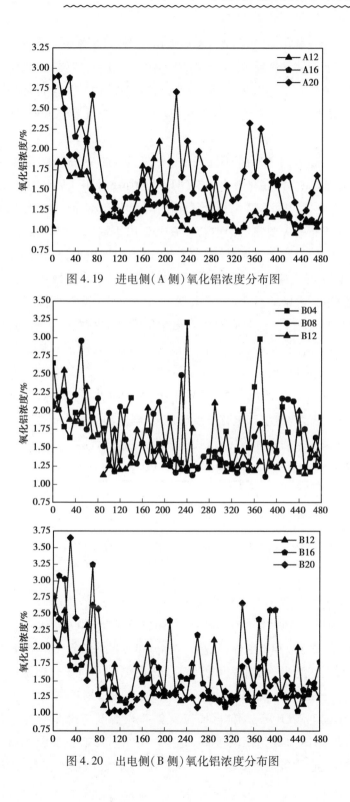

图 4.19　进电侧(A 侧)氧化铝浓度分布图

图 4.20　出电侧(B 侧)氧化铝浓度分布图

进电侧(A侧)和出电侧(B侧)越靠近出铝端(TE)和烟道端(DE)两端头位置处的氧化铝浓度的波动性越大,氧化铝浓度稳定性越差,主要是因为在横向排布的大型预焙铝电解槽在靠近出铝端(TE)和烟道端(DE)两端头位置,在同样磁场条件下,单位铝电解质所经受的流动阻力大,流动性差,氧化铝浓度分布不均匀,稳定性差[19-21]。

进电侧(A侧)和出电侧(B侧)氧化铝浓度均从出铝端(TE)到烟道端(DE)出现先减少后增加的趋势,在靠近出铝端(TE)和烟道端(DE)两端头位置处氧化铝浓度出现最大值,在A12和B12阳极处氧化铝浓度出现最小值,整体呈对称性分布,主要是因为横向排布的大型预焙铝电解槽在靠近出铝端(TE)和烟道端(DE)两端头位置,通风效果好,操作干扰大,散热量大,铝电解温度较低,氧化铝溶解度速度低,氧化铝的电化学反应速度慢,在同等下料量情况下,造成熔体内氧化铝浓度偏高。此外,电解温度低,电解质黏度增大,未反应的氧化铝沉降速度降低,滞留在电解质熔体内的氧化铝量增大,也造成熔体内氧化铝浓度偏高。而在铝电解槽中间位置处,通风效果差,操作干扰少,散热量小,电解温度高,氧化铝溶解速度快,电化学反应速度快,电解质黏度低,未反应的氧化铝沉降速度快,熔体内氧化铝浓度低。需加强铝电解槽端头位置的保温,减少操作干扰,减少散热,提高两端头位置的电解温度,提升氧化铝的溶解速度和电化学反应速度,降低局部氧化铝浓度,确保区域氧化铝浓度分布的整体均匀性和稳定性,提高其经济技术指标。

表4.2　试验铝电解槽熔体区槽壳温度分布(℃)

部位	04	08	12	16	20	AVG	TE	DE
进电侧(A侧)	321	342	391	350	323	345	236	278
出电侧(B侧)	273	313	369	325	284	313		

2)A、B侧对称位置上氧化铝浓度分布规律

图4.21为进、出电两侧(A、B侧)对称阳极位置上氧化铝浓度分布曲线图,从图中可知,进电侧(A侧)和出电侧(B侧)对称分布位置上的氧化铝浓度分布曲线具有相似性,出电侧(B侧)氧化铝浓度总体高于进电侧(A侧)氧化铝浓度,主要是由电解温度和电流分布不均造成的。由表可知,试验铝电解槽进电侧(A侧)熔体区槽壳温度明显高于出电侧(B侧)熔体区槽壳温度,电解温度高,氧化铝溶解速度快,电化学反应速度快,熔体内氧化铝浓度低。由表4.3也可知,试验铝电解槽进电侧(A侧)的阳极电流量、阴极电流量均大于出电侧(B侧)的阳极电流量、阴极电流量,其

偏流量达到 42 693 A。电流量大,焦耳热大,电解温度高,氧化铝溶解速度快,电化学反应速度快,熔体内氧化铝浓度低,最终呈现出电侧(B 侧)氧化铝浓度总体高于进电侧(A 侧)对称位置上的氧化铝浓度的情况。

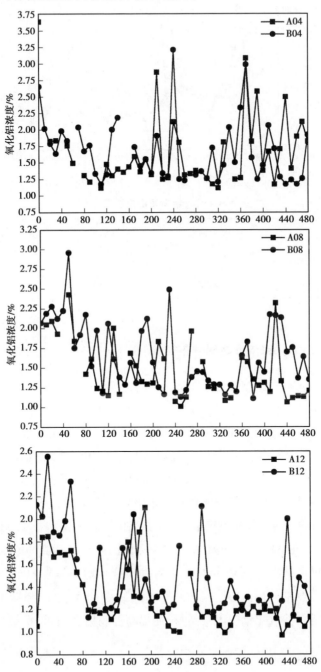

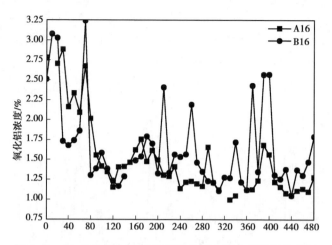

图4.21　进、出电侧(A、B侧)对称位置上氧化铝浓度分布图

表4.3　试验铝电解槽电流分布(A)

部位	阳极电流量	阴极电流量	偏流量
进电侧(A 侧)	200514	243207	42693
出电侧(B 侧)	199486	156793	

4.5.2　区域氧化铝浓度时间分布规律

由进电侧(A 侧)、出电侧(B 侧)及出铝端(TE)和烟道端(DE)处氧化铝浓度的时间分布图(图4.22)可知,氧化铝浓度保持在 1.00% ~ 1.50% 的时间比例较大,A12 阳极处和B20 阳极处分布时间均达到 70% 以上,在 A16 阳极处和 B12 阳极处分布时间均达到 65% 以上;进电侧(A 侧)、出电侧(B 侧)及出铝端(TE)和烟道端(DE)处氧化铝浓度保持在 1.50% ~ 2.00% 的时间比例也较大,在 A20 阳极处分布时间达到 40% 左右,在 B04 阳极处和 B08 阳极处达到 30% 以上。进电侧(A 侧)、出电侧(B 侧)及出铝端(TE)和烟道端(DE)处氧化铝浓度保持在 1.00% ~ 2.00% 的时间分布比例大,在 A12 阳极处和 A20 阳极处的时间分布达到 90% 以上,其他采样区域氧化铝浓度保持在 1.00% ~ 2.00% 的时间分布均保持在 80% 左右,实现了区域低氧化铝浓度控制,可有效地提高电流效率,减少炉底沉淀,降低槽电压,降低电耗。但铝电解槽在低氧化铝浓度下运行,需提高控制精度,实行精细化操作,减少阳极效应的发生。

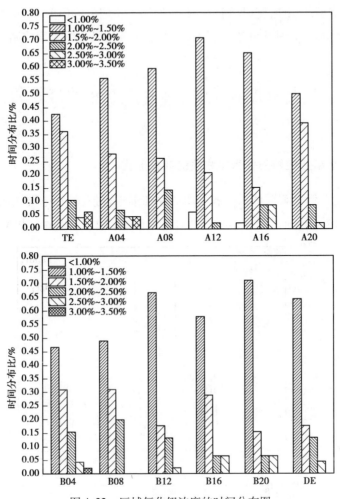

图 4.22　区域氧化铝浓度的时间分布图

4.5.3　区域氧化铝浓度时空分布规律

进电侧(A 侧)和出电侧(B 侧)不同区域的氧化铝浓度在不同的时间点均发生较大的波动,氧化铝浓度稳定性较差;越靠近出铝端(TE)和烟道端(DE)两端头位置处的氧化铝浓度的波动性越大,氧化铝浓度稳定性越差。

进电侧(A 侧)和出电侧(B 侧)氧化铝浓度均从出铝端(TE)到烟道端(DE)出现先减少后增加的趋势,在靠近出铝端(TE)和烟道端(DE)两端头位置处氧化铝浓度出现最大值,在 A12 和 B12 阳极处氧化铝浓度出现最小值,整体呈对称性分布。

进电侧(A 侧)和出电侧(B 侧)对称分布的位置上的氧化铝浓度分布曲线具有相似性,出电侧(B 侧)氧化铝浓度总体高于进电侧(A 侧)氧化铝浓度。

进电侧(A 侧)、出电侧(B 侧)及出铝端(TE)和烟道端(DE)处氧化铝浓度保持在 1.00% ~2.00% 的时间分布比例大,实现了区域低氧化铝浓度控制。

4.6 复杂铝电解质体系中氧化铝的溶解机理

4.6.1 复杂铝电解质体系中物质的存在形式

为了解复杂铝电解质体系中各物质的存在形式,对复杂铝电解质试样进行 X 射线衍射定性分析,部分 X 射线衍射定性分析图谱如图 4.23 所示。由 X 射线衍射定

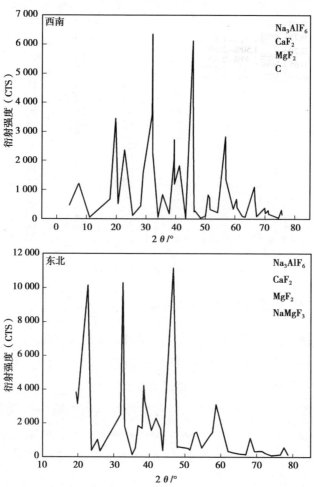

性分析出复杂铝电解质体系中各物质的存在形式,见表4.4。在低分子比时,氧化铝在复杂铝电解质体系下的存在形式主要为 $Al_2OF_6^{2-}$ 结构。

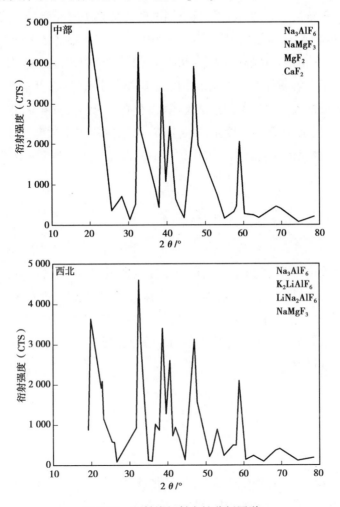

图 4.23　X 射线衍射定性分析图谱

表 4.4　复杂铝电解质体系中物质的存在形式

物质名称	固体	液态
MgF_2	$NaMgAlF_6$	$NaMgF_3$
CaF_2	$NaCaAlF_6$	CaF_2
LiF	$LiNa_2AlF_6$	LiF
KF	K_2NaAlF_6	KF
Al_2O_3	$Al_2OF_6^{2-}$	$Al_2OF_6^{2-}$

4.6.2 复杂铝电解质体系下氧化铝的溶解机理

在低氟化锂浓度(<3.00%)下,复杂铝电解质体系中氧化铝的浓度随着氟化锂浓度的增加而降低,在高氟化锂浓度(>3.00%)下,氧化铝的浓度随着氟化锂浓度的增加而增加;在正常生产温度(925~960 ℃)下,氧化铝浓度随着电解温度的升高而降低。复杂铝电解质体系中氧化铝浓度在不同的时间点均发生较大的波动,越靠近两端头位置处的氧化铝浓度的波动性越大,在靠近两端头位置氧化铝浓度出现最大值,在槽中间位置氧化铝浓度出现最小值,出电侧氧化铝浓度总体高于进电侧。在低分子比时,氧化铝在复杂铝电解质体系下的存在形式主要为 $Al_2OF_6^{2-}$ 结构。

4.7 小 结

本章通过理论计算,解析了氧化铝浓度控制曲线(R-C 曲线),分析了氧化铝浓度控制机理;研究了复杂铝电解质体系中,锂盐、钾盐及电解温度对氧化铝溶解性能的影响;阐明了复杂铝电解质体系中,区域氧化铝浓度的时空分布规律;通过 X 射线衍射定性分析出复杂铝电解质体系中各物质的存在形式,总结了复杂铝电解质体系下氧化铝的溶解机理。

参 考 文 献

[1] 毕诗文,于海燕. 氧化铝生产工艺[M]. 北京:化学工业出版社,2005.

[2] 刘业翔,李劼. 现代铝电解[M]. 北京:冶金工业出版社,2008:388-392.

[3] Jayson Tessier,Gary P Tarcy,Eliezer Batista,et al. Towards On-line Monitoring of Alumina Properties at a Pot Level[J]. Light Metals,2012:633-638.

[4] Sylvain Fardeau,Benoît Sulmont,Philippe Vellemans,et al. Continuous Improvement in Aluminium Reduction Cell Process Performance using the ALPSYS ® Control [J]. Light Metals,2010:495-499.

[5] 农国武. 铝电解槽浓度控制论域自调整的开发应用[J]. 轻金属,2004(11):21-24.

[6] 孙捷,邱竹贤,孙勇. 工业铝电解槽槽电阻-氧化铝浓度曲线研制[J]. 轻金属,

1994(6):25-28.

[7] 邹忠,张红亮,陆宏军. 铝电解过程中氧化铝浓度的控制[J]. 矿业工程,2004,24(5):49-52.

[8] 李贺松,曹曦,田应甫. 低能耗下铝电解槽阳极结构优化[J]. 中国有色金属学报,2012,22(10):2960-2969.

[9] 陈国兵. 穿孔阳极技术在铝电解中的工业试验[J]. 有色冶金节能,2012,28(5):22-26.

[10] 孙晔,杨永亮,焦木杰,等. 加工间隔的调整对铝电解生产的影响[J]. 轻金属,2007(9):43-45.

[11] 王家伟,陈朝轶,靳学利. 熔盐 Na_3AlF_6-K_3AlF_6-AlF_3 系中氧化铝的饱和溶解度[J]. 有色金属(冶炼部分),2011(12):22-26.

[12] 徐君莉,石忠宁,高炳亮,等. 氧化铝在熔融冰晶石中的溶解[J]. 东北大学学报,2003(9):832-834.

[13] 刘业翔,李劼. 现代铝电解[M]. 北京:冶金工业出版社,2008:388-392.

[14] 铁军,邱竹贤. 冰晶石溶液中铝溶解损失的电化学研究[J]. 有色金属,1994(11):62-66.

[15] 李德祥. 随氧化铝加料量变化即时调整铝电解槽的能量平衡[J]. 材料与冶金学报,2005(9):189-193.

[16] 李德祥,魏庆彬,李源,等. 铝电解质添加氟化锂的研究[J]. 轻金属,1980(3):16-20.

[17] 冯乃祥. 铝电解[M]. 北京:化学工业出版社,2006.

[18] 陈世月. 富 Li、K 工业铝电解质的物理化学性质研究[D]. 长沙:中南大学,2013.

[19] 江南,邱泽晶,张翮辉,等. 500 kA 级铝电槽内氧化铝浓度场的数值模拟[J]. 中国有色金属学报,2015,25(3):799-805.

[20] 王民,李贺松,文超,等. 420 kA 铝电解槽物理场测试分析[J]. 金属材料与冶金工程,2015,25(10):48-55.

[21] 丁培林. 铝电解下料过程中氧化铝浓度分布及电解质温度场的数值模拟分析[D]. 武汉:华中科技大学,2016.

第**5**章
复杂铝电解质体系下电解槽的电热平衡

铝电解生产过程中保持电解槽电热平衡是铝电解槽高效平稳运行的基本条件之一。在电解槽大型化、强化电流、低工作电压的工艺改进中的调整作用更加突出,对优化铝电解槽结构设计参数,加强生产过程控制具有十分重要的意义[1-3]。

铝电解质体系的复杂化导致铝电解质电导率、密度、黏度等物理化学性质及铝电解槽炉底沉淀、炉帮厚度、伸腿长度等发生一些的变化,直接影响铝电解槽的高效平稳运行。了解复杂铝电解质体系下电解槽的电热平衡状况,为铝电解槽的优化设计、改进工艺控制等奠定良好的基础。

5.1 铝电解槽的电压平衡

在铝电解生产过程中,槽电压主要由卡具压降、阳极压降、阴极压降、极间压降、立柱母线压降、槽周母线压降、反电动势及阳极母线压降等部分组成,其中反电动势和阳极母线压降一般取 1 650 mV 和 20 mV。槽电压是铝电解生产过程中非常重要的参数,它对铝电解的电能消耗有重要影响,更重要的是槽电压的变化会对电解槽的热平衡产生很大的影响,进而引起电解质温度、槽帮厚度、分子比、铝水平、电解质水平等参数的变化。保持合理的槽电压平衡是保证铝电解槽平稳高效运行的重要条件[4-7]。

通过对铝电解槽电压平衡测试与计算,对铝电解槽各部分电压状况进行分析与评价,可以系统地了解铝电解槽各部分电压分布情况,可以对铝电解槽的工艺技术条件、生产操作制度的合理性以及电解槽的运行工况进行科学的分析与评价,为改善槽工艺技术条件提供依据。

本节为全面了解复杂铝电解质体系下电解槽在实际生产中电压平衡状况,选择某公司 400 kA 系列不同设计方案、不同槽况的 4 台铝电解槽进行电压平衡测试,通过电压平衡计算,分析电压分布不合理的原因,为改善铝电解工艺技术条件,降低槽电压和减少直流电耗提供依据。

5.1.1　电压平衡测量与计算方法

研究过程中分别选取 400 kA 铝电解系列不同设计方案、不同槽况的 A(设计方案 Ⅰ 正常槽)、B(设计方案 Ⅱ 端头槽)、C(设计方案 Ⅰ 破损槽)、D(设计方案 Ⅱ 正常槽)4 台铝电解槽,相关工艺技术参数见表 5.1。

表 5.1　铝电解槽相关工艺技术参数

槽号 工艺参数	A 槽	B 槽	C 槽	D 槽
侧部内衬结构设计	氮化硅+陶瓷纤维板	普通炭块	氮化硅+陶瓷纤维板	普通炭块
系列电流/kA	402	402	402	402
工作槽电压/V	3.98	3.95	4.02	3.96
电解质温度/℃	957	955	952	955
电解质水平/cm	19	16	15	19
铝液水平/cm	26	29	34	27

试验过程中分别对 4 台铝电解槽的卡具压降、阳极压降、阴极压降、极间压降、立柱母线压降进行测量和计算分析,其测量和计算方法均按《铝电解槽能量平衡测试与计算方法》(YS/T481—2005)标准中附录 A(规范性附录)五点进电和六点进电预焙阳极铝电解槽电压平衡测试与计算方法进行。

5.1.2　电压平衡测量与结果分析

1)卡具压降

该 400 kA 预焙铝电解槽共有 48 组阳极,测试过程中分别对 48 组阳极卡具压降进行测试,并取其平均值。4 台测试铝电解槽阳极压降平均值见表 5.2。

表5.2　铝电解槽卡具压降

槽号	A槽	B槽	C槽	D槽
平均压降/mV	8.50	8.20	13.50	14.90

从卡具压降测定结果来看,所测4台槽的平均卡具压降为8.2~14.9 mV,其中B槽卡具压降最低,而D槽卡具压降最高,压降波动范围较大,主要是因为影响卡具压降值的因素较多,包括导杆和阳极大母线压接表面粗糙度、卡具螺栓的拧紧力度、生产人员的操作水平等方面。另外,与其他生产企业相同槽型6.60 mV的卡具压降相比,尚有一定的节能空间。

2)阳极压降

阳极压降值主要由导杆压降、爆炸焊压降、钢爪与磷生铁压及炭块压降组成。每台测试电解槽选取10组阳极进行导杆、爆炸焊、钢爪及炭块总压降的测量,4台槽阳极压降平均值见表5.3。

表5.3　铝电解槽阳极压降

槽号	A槽	B槽	C槽	D槽
导杆压降/mV	19.72	22.15	16.94	18.00
爆炸焊压降/mV	3.52	4.18	2.33	2.42
铁碳压降/mV	65.85	65.28	64.81	36.49
炭块压降/mV	318.70	298.05	283.60	269.90
阳极压降/mV	368.80	348.05	333.60	319.90

从表可知,导杆平均压降为16.94~22.15 mV,4台测试槽中最大值与最小值偏差约6.00 mV,设计值为18.00 mV;爆炸焊平均压降为2.33~4.18 mV,在设计值的合理范围内;磷生铁的压降值为36.49~65.85 mV,除了D槽外,其他3台槽十分相近,在65.00 mV左右,也与设计值62.00 mV基本吻合;炭块压降为269.90~318.80 mV,其中D槽最低,A槽最高;通过计算得到阳极压降为319.90~368.80 mV,设计值约为340.00 mV。

总体看来,4台测试铝电解槽阳极总压降值无显著差异,说明导杆、爆炸焊、钢爪及炭块部分零件的制作、加工以及载荷都是比较均匀的。但阳极各部分的压降仍存在一定程度差异,可以通过减少阳极各组成部分的压降,具有一定的节能空间。

3) 阴极压降

测量铝电解槽阴极压降时,可采用两种方式:一种是测量端触到阴极炭块表面;另一种是测量端触到阴极炭块表面后上抬 5 cm。两种测定结果见表 5.4。

表 5.4　铝电解槽阴极压降

槽号	A 槽 触底法	A 槽 上抬法	B 槽 触底法	B 槽 上抬法	C 槽 触底法	C 槽 上抬法	D 槽 触底法	D 槽 上抬法
A04/mV	290	299	340	339	325	388	278	274
A08/mV	270	275	310	296	273	—	263	262
A12/mV	269	260	343	325	366	390	255	255
A16/mV	275	270	314	324	—	—	254	254
A20/mV	273	270	306	297	384	391	275	274
B04/mV	320	324	293	289	354	359	297	297
B08/mV	286	296	298	293	369	355	278	274
B12/mV	305	306	316	312	340	341	279	277
B16/mV	293	298	298	294	366	352	277	275
B20/mV	278	279	302	294	344	348	277	276
平均值/mV	285.90	287.70	312.00	306.30	346.80	365.50	273.30	271.80

从表 5.4 中可知,4 台铝电解槽的阴极压降值,采用探针触底时,测得 D 槽底压降最小,平均为 273.30 mV,而 C 槽最大,平均为 346.80 mV,4 台槽的平均值为 307.80 mV。采用探针触底后再上抬 5 cm 测量时,D 槽的测试值也最小,平均为 271.80 mV,C 槽的阴极压降最大,平均值为 365.50 mV。

4 台测试铝电解槽中,运用两种测试方法测量的 A 槽、B 槽和 D 槽中多点的平均阴极压降值偏差为 2~6 mV,两种测试方法对测量结果影响不大。C 槽中多点的平均阴极压降值偏差为 19 mV,主要集中在 A04、A08 处。A04 处偏差为 60 mV,A0处 8 探针触底测得 273 mV,而上抬 5 cm 时未测出。结合该槽槽龄为 551 d,为 I 代破损槽,由表 5.4 中可知,槽内各区域阴极压降普遍很高,均在 340 mV 以上,比其他 3 台测试槽都高 30 mV 以上,说明该槽 A 端面(进电端)炉底压降较大,沉淀较多,破损可能较严重。

对比其他生产企业相同槽型铝电解系列,认为除了破损槽 C 槽阴极压降偏高以外,其余 3 台铝电解槽阴极压降指标较好,尤其是 A 槽和 D 槽。

4)立柱母线压降

立柱母线压降是指由立柱母线底部至斜立柱相连软带末端的压降。每根立柱测量两个端面压降,一面是出铝端面压降,一面是烟道端面,两者的平均值即为立柱母线压降。4 台测试铝电解槽的立柱母线压降见表 5.5。

表 5.5　铝电解槽立柱母线压降

槽号	A 槽	B 槽	C 槽	D 槽
立柱母线 1/mV	87.25	88.70	90.65	93.70
立柱母线 2/mV	93.65	97.60	93.15	97.20
立柱母线 3/mV	103.30	102.00	93.70	106.10
立柱母线 4/mV	105.50	103.80	104.00	106.10
立柱母线 5/mV	96.30	95.70	99.95	94.35
立柱母线 6/mV	87.55	85.60	85.90	88.85
平均值/mV	95.59	95.57	94.56	97.72

由 4 台铝电解槽的立柱母线压降测试结果可知,6 根立柱母线的压降由两端向中心逐渐增加,即立柱母线 3 和立柱母线 4 的压降最大,而立柱母线 1 和立柱母线 6 的压降最小,主要是因为立柱母线 3、4 所连接上游槽出电侧阴极软带较短,电阻较小,在立柱母线横断面相同的情况下,承担电流量较大,压降大。在优化设计上可考虑将立柱母线 3、4 横断面做得偏小一点,这样既能节省立柱母线铝用量,又能达到 6 根立柱母线电流分配均匀的目标。

5)槽周母线压降

槽周母线是指从立柱母线根部电流流入点起到下一台槽的该点上的阴极铸造母线和软带,并将汇流到同一根立柱母线上的出电侧、进电侧阴极铸造母线和软带视为一个区。该 400 kA 预焙阳极铝电解槽为 6 点进电,即分为 6 个区,每个区内有 8 组软带。

用连接铜铁复合钎和延长线的万用表对 1 ~ 6 区阴极母线压降分别进行测试,4 台测试铝电解槽的槽周母线压降值见表 5.6。

表 5.6　铝电解槽槽周母线压降

槽号	A 槽	B 槽	C 槽	D 槽
1 区/mV	157.4	151.9	159.4	150.5
2 区/mV	134.1	158.5	142.8	144.0
3 区/mV	130.5	107.3	141.9	119.25
4 区/mV	137.0	119.9	148.7	138.5
5 区/mV	152.4	146.5	162.7	146.0
6 区/mV	148.3	151.9	153.2	151.5
平均值/mV	143.28	139.33	151.45	141.63

由表中可知,4 台测试铝电解槽周围母线压降平均为 143.92 mV,考虑铝母线焊板焊接、测试误差等因素,测试值在设计合理范围内。

6)极间压降

铝电解槽极间压降测量方法一般采用电压-极距法、反减法和短路法。本节采用电压-极距法,即测量时先升阳极 3 次,每次 5 mm,然后分 3 次降阳极回原位,记录每次升降阳极的槽电压及有关数据,同时用极距测定棒测量槽极距值,利用测量结果计算出电解质电压降,见表 5.7。

表 5.7　铝电解槽极间压降

槽号	A 槽	B 槽	C 槽	D 槽
单位电解质压降/(mV · mm^{-1})	34.0	34.7	39.6	32.6
极距/mm	41.25	41.03	41.04	43.23
极间压降/V	1 403	1 424	1 625	1 409

A、B 和 D 槽极间压降测试值在设计值的合理范围之内,而 C 槽极间压降偏大,可能是该槽炉底异常、氧化铝浓度过高、稳定性较差造成电压-极距测试法误差较大。

7)电压平衡分析

4 台测试铝电解槽的电压平衡情况见表 5.8。

表 5.8   铝电解槽电压平衡

槽号	A 槽	B 槽	C 槽	D 槽
卡具压降/mV	8.50	14.90	13.50	8.20
阳极压降/mV	368.80	348.05	333.60	319.90
阴极压降/mV	285.90	287.70	312.00	306.30
阳极母线压降/mV	20	20	20	20
立柱母线压降/mV	95.59	95.57	94.56	97.72
槽周母线压降/mV	143.28	139.33	151.45	141.63
反电动势/mV	1 650	1 650	1 650	1 650
极间压降/mV	1 403	1 424	1 625	1 409
槽电压/mV	3 975	3 980	4 200	3 953

由表 5.8 可知,A、B 和 D 槽槽电压及各部分压降均在设计范围内,与实践运行槽电压基本相符,C 槽槽电压偏高,主要是由其极间压降过高造成的,若合理控制其工艺技术条件,可有效地降低其极间压降,其槽电压会达到合理控制范围。

5.1.3   电压平衡规律

通过上述测试分析可知,4 台测试槽的平均卡具压降波动较大,与其他生产企业相同槽型的卡具压降相比,尚有一定的节能空间;4 台测试铝电解槽阳极压降值无显著差异,但阳极各部分的压降存在一定程度的差异,可以通过减少阳极各组成部分的压降,具有一定的节能空间;C 槽内各区域阴极压降普遍很高,说明该槽 A 端面(进电端)炉底压降较大,沉淀较多,破损可能较严重,其余 3 台铝电解槽阴极压降指标较好,尤其是 A 槽和 D 槽;6 根立柱母线的压降由两端向中心逐渐增加,即立柱母线 3 和立柱母线 4 的压降最大,而立柱母线 1 和立柱母线 6 的压降最小;4 台测试铝电解槽周围母线压降平均为 143.92 mV,考虑铝母线焊板焊接、测试误差等因素,测试值在设计合理范围内;A、B 和 D 槽极间压降测试值在设计值的合理范围之内,而 C 槽极间压降偏大,可能是该槽炉底异常、氧化铝浓度过高、稳定性较差,造成电压-极距测试法误差较大;除 C 槽槽电压偏高外,A、B 和 D 槽槽电压及各部分压降均在设计范围内,与实践运行槽电压基本相符。

5.2　铝电解槽的能量平衡

通过对铝电解槽能量平衡测试与计算,对铝电解槽各部分能量收支状况进行分析与评价,能系统地了解电解槽的温度分布、能量收支情况,可以对铝电解槽的工艺技术条件、生产操作制度的合理性以及电解槽的运行工况进行科学的分析与评价,为改善槽工艺技术条件提供依据。

本节为了全面了解复杂铝电解质体系下电解槽在实际生产中能量平衡的分布特性,与上述电压平衡分析相同,选择某公司 400 kA 不同设计方案、不同槽况的 4 台铝电解槽进行能量平衡测试,通过能量平衡计算,分析能量收支不合理的原因,探讨改进措施。

5.2.1　能量平衡测试与计算方法

铝电解槽能量平衡以环境温度为计算基础温度,以小时为能量收入支出时间计量单位。计算所取体系为:槽底—槽壳侧部(包括阴极棒头)—四面侧部槽罩—上部水平罩—铝导杆所构成的密封型体系[8-10]。

计算体系内压降:$E_{体系内} = U_{阳极} + U_{极化} + U_{电解质} + U_{阴极} + U_{效应}$

能量平衡方程式:$A_{电能} = A_{反应}^{t_1} + A_{气体}^{t_1 \sim t_2} + A_{铝液}^{t_1 \sim t_5} + A_{热损}$

式中:$A_{电能}$——电能给体系的能量,kJ/h;

$A_{反应}^{t_1}$——在 t_1 计算温度下发生电化学反应所耗的能量,kJ/h;

$A_{气体}^{t_1 \sim t_2}$——气体由 t_1 计算温度升高到 t_2 时,从体系中排出时带走的能量,kJ/h;实际计算时包括阳极气体(CO 和 CO_2)和流经体系的空气带走的能量;

$A_{铝液}^{t_1 \sim t_3}$——产物铝从 t_1 计算温度升高到 t_3 时,铝液带走的能量,kJ/h;

$A_{热损}$——包括槽体系向四周的散热损失和换块作业带走的能量,kJ/h。

电能:$A_{电能} = 3\,600 I \cdot E_{体系内}$,kJ/h。

铝电解反应耗能、气体带走的能量、产物铝带走的能量、槽体系向四周的散热损失和换块作业带走的能量均按《铝电解槽能量平衡测试与计算方法》(YS/T481—2005)所列的计算方法进行计算。

5.2.2　能量平衡测试与结果分析

研究过程中分别选取 400kA 铝电解系列不同设计方案、不同槽况的 A(设计方案Ⅰ正常槽)、B(设计方案Ⅱ端头槽)、C(设计方案Ⅰ破损槽)、D(设计方案Ⅱ正常槽)4 台铝电解槽,试验分别对 4 台槽的槽壳温度、槽沿板温度、槽罩温度、摇篮架温度、阴极钢棒温度、槽上部结构温度、周围环境温度等不同区域测量了近千个温度点,并测量了 4 台铝电解槽的两水平。试验中铝电解槽的相关工艺技术参数见表5.9。

表 5.9　铝电解槽相关工艺技术参数

工艺参数 ＼ 槽号	A 槽	B 槽	C 槽	D 槽
侧部内衬结构设计	氮化硅+陶瓷纤维板	普通炭块	氮化硅+陶瓷纤维板	普通炭块
系列电流/kA	402	402	402	402
工作槽电压/V	3.98	3.95	4.02	3.96
电解质温度/℃	957	955	952	955
电解质水平/cm	19	16	15	19
铝液水平/cm	26	29	34	27

1)槽壳温度分布分析

根据测量结果分别计算出 4 台铝电解槽熔体区、阴极炭块区、槽底区域槽壳平均温度和最高温度(表 5.10—表 5.13)。

表 5.10　A 槽表面温度统计表

项　目	熔体区		阴极炭块区		槽底	
	平均	最高	平均	最高	平均	最高
A 侧温度/℃	342.5	391	318	369	71	85
B 侧温度/℃	310	389	321	371		

表 5.11　B 槽表面温度统计表

项　目	熔体区		阴极炭块区		槽底	
	平均	最高	平均	最高	平均	最高
A 侧温度/℃	350	398	251	287	82	96
B 侧温度/℃	350	397	269	355		

表 5.12　C 槽表面温度统计表

项　目	熔体区		阴极炭块区		槽底	
	平均	最高	平均	最高	平均	最高
A 侧温度/℃	311	401	278	372	136	162
B 侧温度/℃	347	391	188	212		

表 5.13　D 槽表面温度统计表

项　目	熔体区		阴极炭块区		槽底	
	平均	最高	平均	最高	平均	最高
A 侧温度/℃	340	377	249	276	66	71
B 侧温度/℃	363	385	282	305		

从表中可知,总体上来说熔体区槽壳温度平均为 310 ~ 350 ℃,最高为 380 ~ 400 ℃,A、B 面对比,B 面平均比 A 面高 15 ~ 20 ℃,底板温度 A、B、C、D 四台槽平均值依次为 71 ℃、82 ℃、136 ℃、66 ℃,其中,C 槽底板温度出现多点异常,说明底部有渗漏,而 D 槽底板温度表现最佳,这说明了设计方案 II 铝电解槽的底部结构更为合理安全。

2)槽体系散热损失结果分析

槽体系散热损失在一定程度上可以用来评价铝电解槽阴极设计和加工操作的合理性,现代大型预焙铝电解槽在设计上要求侧部加强散热、底部加强保温,在加工操作上力求上部有一个合理的氧化铝覆盖层。为比较各槽的散热损失状况,根据所测槽壳温度和环境温度数据,按有关计算方法编制计算软件,得到 4 台槽的散热损失,见表 5.14—表 5.17。

表 5.14　A 槽槽体系散热损失表

散热面		散热量/(kJ·h⁻¹)	折合功率/kW	折合电压/V	所占比例/%
阳极	铝导杆	2 166.6	0.602	0.001 5	0.14
	槽罩	188 294.9	52.304	0.130 1	12.59
	小计	190 461.5	52.906	0.131 6	12.74

续表

	散热面	散热量/(kJ·h⁻¹)	折合功率/kW	折合电压/V	所占比例/%
阴极	槽沿板	99 064.6	27.518	0.068 5	6.63
	槽壳	899 927.8	249.980	0.621 8	60.20
	摇篮架	113 117.0	31.421	0.078 2	7.57
	阴极钢棒	192 431.0	53.453	0.133 0	12.87
	小计	1 304 540.5	362.372	0.901 4	87.26
合计		1 495 002.0	415.278	1.033 0	100.00

表 5.15　B 槽槽体系散热损失表

	散热面	散热量/(kJ·h⁻¹)	折合功率/kW	折合电压/V	所占比例/%
阳极	铝导杆	2 385.1	0.663	0.001 7	0.17
	槽罩	151 998.0	42.222	0.105 6	10.88
	小计	154 383.2	42.884	0.107 2	11.05
阴极	槽沿板	107 851.9	29.959	0.074 9	7.72
	槽壳	874 661.2	242.961	0.607 4	62.62
	摇篮架	111 455.6	30.960	0.077 4	7.98
	阴极钢棒	148 436.2	41.232	0.103 1	10.63
	小计	1 304 540.5	362.372	0.862 8	88.95
合计		1 495 002.0	415.278	0.970 0	100.00

表 5.16　C 槽槽体系散热损失表

	散热面	散热量/(kJ·h⁻¹)	折合功率/kW	折合电压/V	所占比例/%
阳极	铝导杆	5 041.7	1.400	0.003 5	0.29
	槽罩	424 628.7	117.952	0.293 4	24.49
	小计	429 670.4	119.353	0.296 9	24.78
阴极	槽沿板	99 148.2	27.541	0.068 5	5.72
	槽壳	907 635.7	252.121	0.627 2	52.34
	摇篮架	83 694.4	23.248	0.057 8	4.83
	阴极钢棒	188 459.4	52.350	0.130 2	10.87
	小计	1 304 540.5	362.372	0.883 7	75.22
合计		1 734 210.9	481.725	1.180 6	100.00

表 5.17　D 槽槽体系散热损失表

散热面		散热量/(kJ·h⁻¹)	折合功率/kW	折合电压/V	所占比例/%
阳极	铝导杆	4 466.1	1.241	0.003 1	0.30
	槽罩	363 303.3	100.918	0.252 3	24.42
	小计	367 769.4	102.158	0.255 4	24.72
阴极	槽沿板	107 186.6	29.774	0.074 4	7.21
	槽壳	801 098.7	222.527	0.556 3	53.85
	摇篮架	91 452.1	25.403	0.063 5	6.15
	阴极钢棒	174 417.0	48.449	0.121 1	11.73
	小计	1 174 154.4	326.154	0.815 4	78.93
合计		1 541 923.8	428.312	1.033 0	100.00

阳极散热损失在一定程度上反映氧化铝覆盖层厚度、集气罩密闭状态等加工操作制度的合理性。由表 5.14—表 5.17 分析可知,4 台槽的阳极散热损失折合电压依次为 0.131 6 V、0.107 2 V、0.296 9 V 及 0.255 4 V,分别占总散热损失的 12.74 %、11.05%、24.78% 及 24.72%。C、D 槽阳极散热损失折合电压较其他槽高,这可能是覆盖层较薄、集气罩密封不好等原因造成的。总体而言,4 台槽阳极散热损失是比较低的,说明上部保温好,避免了能量浪费。

铝电解槽侧部和底部的热损失数据,对评价阴极设计和阴极运行状态具有参考意义。从表 5.14—表 5.17 可知,4 台槽的槽壳热损失都很大,占了总体系热损失的 50% 多,主要是因为槽壳温度较高。槽壳散热多虽有利于侧部槽帮的生成,但造成的能量浪费也是巨大的,应当综合权衡两方面的得失。

3)能量平衡结果分析

由测量数据及上述各表,可进行计算得到 4 台槽的能量平衡汇总表,见表 5.18—表 5.21。

表 5.18　A 槽能量平衡表

	项目	散热量/(kJ·h⁻¹)	折合功率/kW	折合电压/V	所占比例/%
能量 收入	电能收入	5 759 856.0	1 599.960	3.980 0	100.00
	总收入	5 759 856.0	1 599.960	3.980 0	100.00
能量 支出	铝电解反应能耗	2 561 669.7	711.575	1.770 1	44.37
	烟气带走热	1 716 635.3	476.843	1.186 2	29.73
	铝导杆	2 166.6	0.602	0.001 5	0.04
	槽罩	188 294.9	52.304	0.130 1	3.26
	槽沿板	99 064.6	27.518	0.068 5	1.72
	槽壳	899 927.8	249.980	0.621 8	15.59
	摇篮架	113 117.0	31.421	0.078 2	1.96
	阴极钢棒	192 431.0	53.453	0.133 0	3.33
	总支出	5 773 307.0	1 603.696	3.989 3	100.00
能量收入与支出差额		−13 451.0	−3.736	−0.009 3	−0.23

表 5.19　B 槽能量平衡表

	项目	散热量/(kJ·h⁻¹)	折合功率/kW	折合电压/V	所占比例/%
能量 收入	电能收入	5 745 600.0	1 596.000	3.990 0	100.00
	总收入	5 745 600.0	1 596.000	3.990 0	100.00
能量 支出	铝电解反应能耗	2 732 447.6	759.013	1.897 5	47.43
	烟气带走热	1 632 051.2	453.348	1.133 4	28.33
	铝导杆	2 385.1	0.663	0.001 7	0.04
	槽罩	151 998.0	42.222	0.105 6	2.64
	槽沿板	107 851.9	29.959	0.074 9	1.87
	槽壳	874 661.2	242.961	0.607 4	15.18
	摇篮架	111 455.6	30.960	0.077 4	1.93
	阴极钢棒	148 436.2	41.232	0.103 1	2.58
	总支出	5 761 287.0	1 600.358	4.000 9	100.27
能量收入与支出差额		−15 687.0	−4.358	−0.009 3	−0.27

表 5.20　C 槽能量平衡表

	项目	散热量/(kJ·h⁻¹)	折合功率/kW	折合电压/V	所占比例/%
能量收入	电能收入	5 817 744.0	1 616.040	4.020 0	100.00
	总收入	5 817 744.0	1 616.040	4.020 0	100.00
能量支出	铝电解反应能耗	2 587 286.4	718.691	1.787 8	44.47
	烟气带走热	1 505 097.5	418.083	1.040 0	25.87
	铝导杆	5 041.7	1.400	0.003 5	0.09
	槽罩	424 628.7	117.952	0.293 4	7.30
	槽沿板	99 148.2	27.541	0.068 5	1.70
	槽壳	907 635.7	252.121	0.627 2	15.60
	摇篮架	83 694.4	23.248	0.057 8	1.44
	阴极钢棒	188 459.4	52.350	0.130 2	3.24
	总支出	5 800 992.0	1 611.387	4.008 4	99.71
能量收入与支出差额		16 752.0	4.653	0.011 6	0.29

表 5.21　D 槽能量平衡表

	项目	散热量/(kJ·h⁻¹)	折合功率/kW	折合电压/V	所占比例/%
能量收入	电能收入	5 702 400.0	1 584.000	3.960 0	100.00
	总收入	5 702 400.0	1 584.000	3.960 0	100.00
能量支出	铝电解反应能耗	2 647 058.6	735.294	1.838 2	46.42
	烟气带走热	1 529 186.5	424.774	1.061 9	26.82
	铝导杆	4 466.1	1.241	0.003 1	0.08
	槽罩	363 303.3	100.918	0.252 3	6.37
	槽沿板	107 186.6	29.774	0.074 4	1.88
	槽壳	801 098.7	222.527	0.556 3	14.05
	摇篮架	91 452.1	25.403	0.063 5	1.60
	阴极钢棒	174 417.0	48.449	0.121 1	3.06
	总支出	5 718 169.0	1 588.380	3.971 0	100.28
能量收入与支出差额		−15 769.0	−4.380	−0.011 0	−0.28

铝电解槽能量平衡收入与支出间的差额一般应在供入总能量的±5%以内。从表 5.18—表 5.21 可知,本次测定 4 台槽的误差分别为-0.23%、-0.27%、0.29% 及-0.28%,均在允许误差(5%)范围之内,说明本次能量平衡测定与计算结果是有效的。

铝电解反应能耗是衡量铝电解槽能量利用率高低的主要标志之一。从表 5.18—表 5.21 可知,4 台槽的铝电解反应能耗分别占总能量收入的 44.37%、47.43%、44.47% 及 46.42%。这个比例在国内同类型电解槽中属于较高的。4 台槽的电流效率分别为 93.68%、94.70%、93.60% 及 94.22%。比较可知,电流效率的大小与电解反应能耗大小成对应关系。就此 4 台槽而言,C 槽电流效率偏低。

所测量 4 台槽的能量支出项目中,所占比例最大的是烟气带走热,分别占总能量收入的 29.73%、28.33%、25.87% 及 26.82%;其次是槽壳散热,分别占总能量收入的 15.59%、15.18%、15.60% 及 14.05%。主要是因为烟气流量较大,导致烟气带走热量过多。烟气流量、排烟温度、电解温度的差异和槽壳保温状况等的差异,是造成各槽上述数据存在差异的主要原因。

5.2.3　能量平衡规律

通过上述测试分析可知,熔体区槽壳温度平均为 310～350 ℃,最高为 380～400 ℃,B 面平均比 A 面高 15～20 ℃,C 槽底板温度出现多点异常,说明底部有渗漏,而 D 槽底板温度表现最佳,这说明了设计方案Ⅱ铝电解槽的底部结构更为合理安全;4 台槽阳极散热损失是比较低的,上部保温好;槽壳热损失都很大,占了总体系热损失的 50% 多,虽有利于侧部槽帮的生成,但造成的能量浪费也是巨大的;4 台槽的铝电解反应能耗分别占总能量收入的 44.37%、47.43%、44.47% 及 46.42%,其电流效率分别为 93.68%、94.70%、93.60% 及 94.22%,电流效率的大小与电解反应能耗大小成对应关系;4 台槽的能量支出项目中,所占比例最大的是烟气带走热,分别占总能量收入的 29.73%、28.33%、25.87% 及 26.82%,其次是槽壳散热,分别占总能量收入的 15.59%、15.18%、15.60% 及 14.05%,这主要是因为烟气流量较大,导致烟气带走热量过多。

5.3　小　结

铝电解生产过程中保持电解槽电热平衡是铝电解槽高效平稳运行的基本条件

之一。为全面了解复杂铝电解质体系下电解槽在实际生产中电压平衡状况,本章选择某公司 400 kA 系列不同设计方案、不同槽况的 4 台铝电解槽进行电压、能量平衡测试,通过电压、能量平衡计算,分析了电压分布不合理、能量收支不合理的原因,总结了电能量平衡的分布规律,为改善复杂铝电解质体系下电解工艺技术条件,降低槽电压、降低能耗提供依据。

参考文献

[1] 张家增.铝电解槽节能与能量平衡关系探讨[J].有色金属(冶炼部分),1999(3):29-32.

[2] 高淑兰,田维洪.铝电解槽能量平衡与主要技术参数控制的关系探讨[J].轻金属,2013(9):42-46.

[3] 王群.铝电解槽在低电压下的能量平衡研究[J].世界有色金属,2015(7):29-31.

[4] 冯乃祥.铝电解[M].北京:化学工业出版社,2006:57-75.

[5] 陶沙,陆继东,包崇爱,等.铝电解槽电场分析与模拟研究[J].有色金属(冶炼部分),2005(3):20-23.

[6] 秦庆东,李伟,邱仕麟.碱金属及槽电压对铝电解过程中 PFC 排放影响研究[J].轻金属,2015(8):21-25.

[7] 王乐.基于数据挖掘的铝电解过程槽电压智能优化控制策略研究[D].南宁:广西大学,2017:8-12.

[8] 尹诚刚.面向在线仿真的铝电解槽电—热场耦合建模研究[D].长沙:中南大学,2014:15-32.

[9] Haupin W. Interprering the componets of cell voltage[C]. Light Metals,1998:531-537.

[10] Arkhipov G V,Pingin V V. Investigating thermoelectric fields and cathode bottom integrity during cell preheating,start-up and initial operating period[C]. Light Metals,2002:347-354.

第 **6** 章
复杂铝电解质体系工艺控制优化

在现行冰晶石—氧化铝熔盐铝电解工艺中,作为原料的氧化铝中含有一定的氧化锂、氧化钾等杂质,氧化锂、氧化钾等杂质随氧化铝通过下料进入电解质体系,与冰晶石反应生成氟化锂、氟化钾等。中国一水硬铝石型铝土矿中铝、锂、钾等共生矿比重较大,特别是生产的高锂盐氧化铝占中国氧化铝生产总量的60%以上,部分高锂盐氧化铝中氧化锂含量可达0.10%以上[1-3]。氧化铝原料中的锂盐、钾盐等杂质元素含量的差异性,造成了国内铝电解质体系较为复杂。

为了解、优化国内不同铝电解企业的电解体系状况及其工艺控制参数、生产技术指标,本章调研了中国中部、西南、西北3个典型铝电解生产片区11个生产企业的11个生产系列,槽容量涵盖180~500 kA系列铝电解槽,分析研究了其近6个月的铝电解体系、工艺控制参数及生产技术指标数据。

6.1 铝电解质体系、工艺参数及技术指标分析

6.1.1 铝电解质体系

如图6.1所示,调研的3个片区11个铝电解生产系列中,电解质体系较复杂,其中氟化锂的平均含量具有明显的区域分布特征,中部片区生产系列中氟化锂含量最高,ML2系列的氟化锂平均浓度达5.60%,个别单体铝电解槽氟化锂浓度甚至达到8.00%以上,远高于1.50%~3.50%的最佳理论浓度,给工艺调控和生产运行带

来了极大的困难；西北片区企业次之,平均氟化铝浓度为 4.00% 左右;西南片区企业最低,平均氟化锂含量为 1.50% 左右,在最佳氟化锂理论浓度控制范围之内。氟化铝、氟化钙、氟化镁等添加剂含量并无明显区域分布特征;大部分的生产系列氧化铝的含量平均控制在 2.50% 左右,无明显的区域分布特征。

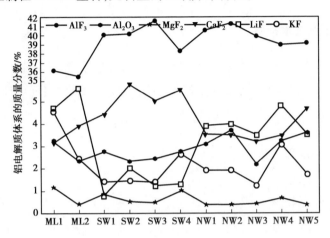

图 6.1　铝电解质体系不同成分的质量分数(%)

6.1.2　工艺参数

如图 6.2 所示,所调研的 11 个生产系列中,电解质水平无明显差异,平均保持在 17 cm 左右;铝水平除 SW4 企业外,其他企业无明显差异,平均保持在 27 cm 左右;电解温度有一定的波动性,对比图 6.1 中的铝电解质体系中平均氟化锂含量,两

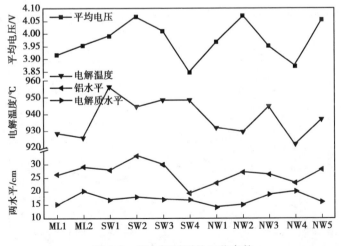

图 6.2　铝电解系列的工艺参数

者有一定的匹配性,平均氟化锂含量高,铝电解温度低,如电解温度最低的 ML1、ML2 和 NW4 系列,其平均氟化锂含量远远高于其他生产系列铝电解质体系中平均氟化锂的含量;平均电压除 SW4 和 NW4 系列控制在 3.85 V 左右,调研的其他生产系列均控制在 4.00 V 左右。

6.1.3 生产技术指标

铝电解过程中追求高效低耗,即高电流效率,低电解能耗。铝电解能电耗一般可用直流电耗、铝液交流电耗和铝锭交流电耗表示,其中直流电耗可计算为

$$W = \frac{2\ 980 \times v}{\eta} \times 100\% \tag{6.1}$$

式中:W——直流电耗,kW·h;

v——平均电压,V;

η——电流效率,%。

由式(6.1)可知,理论上只有在电压越低、电流效率越高的情况下,才能真正实现高效低耗。但在实际的生产过程中,一般情况下运行电压控制得越低,铝的二次反应越高,电流效率越低,反而会使电耗增加。如图 6.3 所示,电流效率与平均电压具有较好的对应关系,平均电压越高,电流效率越高;平均电压越低,电流效率越低。在调研的 11 个生产系列中,SW2、SW3 和 NW3 系列的平均电压控制得并不低,但获得了较高的电流效率,直流电耗也不高,最终实现了高效低耗;而 SW4 系列的平均电压控制得最低,但其电流效率最低,最终反而导致直流电耗偏高,既未实现高效,也未实现低耗。在实际生产过程中,应根据实际情况控制合理的电解电压,才可获得理想的效率和能耗。

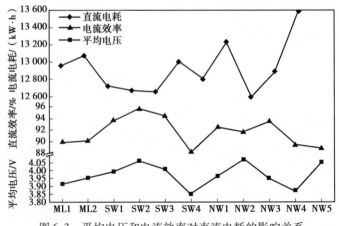

图 6.3　平均电压和电流效率对直流电耗的影响关系

6.2　最佳铝电解质体系与工艺参数的确定

经对所调研的 3 个不同片区的 11 个铝电解系列的铝电解质体系、工艺参数和生产技术指标的分析,SW2、SW3 和 NW3 系列最终实现了高效低耗,其具体生产指标、铝电解质体系和控制工艺参数见表6.1—表6.3。

表 6.1　SW2、SW3 和 NW3 系列生产技术指标

系列名称	平均电压/V	电流效率/%	直流电耗/(kW·h)
SW2	4.067	95.71	12 670
SW3	4.010	94.42	12 659
NW3	3.952	93.56	12 596

表 6.2　SW2、SW3 和 NW3 系列铝电解质体系

系列名称	AlF_3	MgF_2	CaF_2	LiF	KF	Al_2O_3	CR
SW2	40.18	0.53	5.80	2.03	1.47	2.34	2.32
SW3	41.61	0.48	5.01	1.24	1.41	2.47	2.44
NW3	39.92	0.46	3.19	3.51	1.27	2.17	2.40

表 6.3　SW2、SW3 和 NW3 系列控制工艺参数

系列名称	电解温度/℃	铝水平/cm	电解质水平/cm
SW2	945	33	18
SW3	948	30	17
NW3	945	26	19

从上述数据中可知,除 SW2 和 SW3 两系列的铝电解质体系和控制工艺条件外,其他参数差别不大;NW3 系列与 SW2 和 SW3 两系列相比,除氟化钾和氧化铝相对比重略有差别之外,氟化锂含量的相对比重有较大差别;3 个系列的电解质体系中氟化锂的含量基本都在 1.50% ~3.50% 的最佳理论浓度之内,均取得了理想的生产

技术指标。综合各种因素,仅就以实现了高效低耗为目的,笔者认为 SW2 系列为最佳,其对应的铝电解质体系及其工艺参数可以作为实际生产中参考的重要指标。

从上述分析可知,铝电解质体系中氟化锂的含量对铝电解工艺控制条件和生产技术影响比重较大,对电解质体系中氟化锂的含量在最佳理论浓度之内的铝电解生产系列可以参考上述各项工艺控制参数,可取得理想的生产技术指标。但对氟化锂的含量低于或高于最佳理论浓度的铝电解体系,尚需要研究分析如何更好地优化工艺参数,在特定条件下取得理想的生产技术指标。

6.3　低锂盐铝电解质体系的工艺参数优化

对低锂盐铝电解质体系,为提高其导电性能、降低初晶温度、提高电流效率、降低电解能耗,取得理想的生产技术指标,在实际生产中可以通过添加金属锂盐的方法提高铝电解质体系中氟化锂的含量,达到最佳浓度控制范围,也可通过使用一定比例的高锂盐氧化铝来增加电解质体系中氟化锂的含量。在铝电解过程中,氟化锂的分解电压远高于相同条件下氧化铝的分解电压,在正常生产工艺条件下,一般不会发生氟化锂的分解作用,致使其在铝电解质体系中造成富集作用,增大其含量,达到最佳浓度控制范围[4]。

6.4　高锂盐铝电解质体系的工艺参数优化

长期使用高锂盐氧化铝的生产系列,锂盐在铝电解质体系中的富集作用,造成铝电解质体系中氟化锂浓度大幅提高,部分电解系列已达 9.00% ~ 10.00%。过高的氟化锂含量导致电解质初晶温度过低,氧化铝溶解能力下降,电解槽炉底沉淀增多,工艺技术条件控制难度大,铝电解槽运行稳定性差,直接影响电流效率和电解能耗等指标[5-7]。众多高锂盐铝电解质体系生产系列主要采用置换使用一定比例的低锂盐氧化铝,减缓氟化锂的富集作用。但随着铝电解槽槽龄的逐渐增大,氟化锂浓度也会逐渐增大。在无法很好地调控氟化锂浓度的情况下,如何实现高锂盐铝电解体系下相对的高效低耗生产,是个亟待解决的问题。

本节对所调研氟化锂含量大于 4.50% 的部分铝电解槽中的铝电解质体系、控制工艺参数和生产技术指标的近 6 个月的数据进行了分析。如图 6.4—图 6.6 所示,铝电解质体系中氟化铝平均浓度达到5.50%左右,远高于最佳理论浓度,平均电解温度和平均电流效率明显偏低,最终导致其平均直流电耗明显偏高。

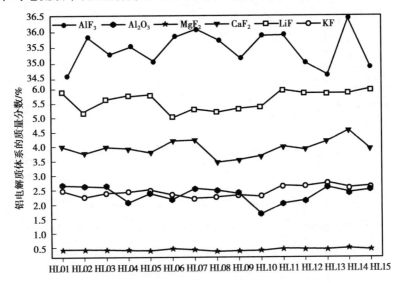

图6.4　高锂盐铝电解质体系不同成分的质量分数/%

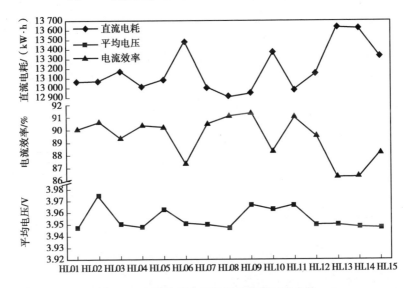

图6.5　高锂盐铝电解体系的控制工艺参数

从上述分析可知,HL8、HL9和HL11铝电解槽最终实现了高锂盐铝电解体系下相对的高效低耗,其具体生产指标、铝电解质体系和控制工艺参数见表6.4—表6.6。

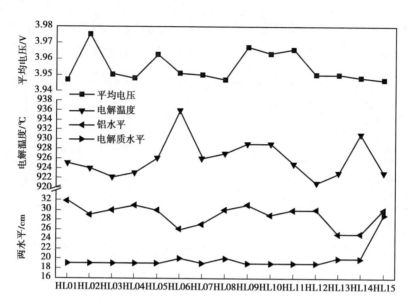

图 6.6　高锂盐铝电解体系平均电压和电流效率对直流电耗的影响关系

表 6.4　HL8、HL9 和 HL11 槽生产技术指标

系列名称	平均电压/V	电流效率/%	直流电耗/(kW·h)
HL8	3.947	91.14	12 906
HL9	3.967	91.32	12 945
HL11	3.966	91.05	12 981

表 6.5　HL8、HL9 和 HL11 槽铝电解质体系

系列名称	AlF_3	MgF_2	CaF_2	LiF	KF	Al_2O_3	CR
HL8	35.73	0.36	3.45	5.20	2.25	2.49	2.84
HL9	35.14	0.38	3.54	5.33	2.31	2.36	2.96
HL11	35.89	0.44	4.01	5.97	2.65	2.02	2.70

表 6.6　HL8、HL9 和 HL11 槽控制工艺参数

系列名称	电解温度/℃	铝水平/cm	电解质水平/cm
HL8	927	30	20
HL9	929	31	19
HL11	925	30	19

从表6.4—表6.6可知,HL8、HL9 和 HL11 铝电解槽中氟化锂浓度逐渐增大,直流电耗呈现增大趋势,而其他参数则差别不大。综合各种因素,仅就以实现了相对高效低耗为目的,笔者认为 HL8 铝电解槽为最佳,其对应的控制参数可以作为实际生产中高锂盐铝电解体系可参考的重要指标。

6.5　小　结

在现行冰晶石—氧化铝熔盐铝电解工艺中,作为原料的氧化铝中含有一定的氧化锂,氧化铝原料中的锂盐含量的差异性,造成国内铝电解质体系较为复杂,直接影响铝电解系列的电流效率和能耗。本章通过分析不同铝电解系列的铝电解质体系、工艺控制参数、生产技术指标数据,提出了最佳氟化锂浓度条件下、低锂盐铝电解质体系及高锂盐铝电解质体系的工艺参数优化方案。对低锂盐浓度铝电解质体系,在实际生产中可以通过添加金属锂盐的方法提高铝电解质体系中氟化锂的含量,或通过使用一定比例的高锂盐氧化铝来增加电解质体系中氟化锂的含量,达到最佳浓度控制范围;对高锂盐浓度铝电解质体系,可采用置换使用一定比例的低锂盐氧化铝,减缓氟化锂的富集作用;在无法很好地调控氟化锂浓度的情况下,可优化其控制参数,可实现高锂盐铝电解体系下相对的高效低耗。

参考文献

[1] 邱竹贤.预焙槽炼铝[M].北京:冶金工业出版社,2004.

[2] 王鹰.铝电解质中的钾盐和锂盐的分析与研究[J].轻金属,1993(3):30-33.

[3] 温静静,梁涛,卢仁.河南省嵩箕地区铝土矿 Li、Ti、Zr、Ga、NB 和 LREE 的矿化分析[J].矿产与地质,2016,30(2):216-222.

[4] 曹阿林,姚世焕.铝电解质体系中锂的富集机制与应对措施分析[J].轻金属,2017(7):27-31.

[5] 刘炎森,郭超迎,胡冠奇.改善铝电解高锂高钾复杂电解质体系的实践分析[J].河南科技,2016(5):139-141.

[6] 石良生,幸利,田官官.高锂盐含量的电解质对铝电解生产的影响及应对措施

[J].世界有色金属,2015(2):59-60.

[7] 刘克军.电解质成分富集对铝电解槽技术管理的影响[J].世界有色金属,2017
(5):61-63.